中国现象学文库
现象学原典译丛

性格学的基本问题

〔德〕亚历山大·普凡德尔 著

倪梁康 译

商务印书馆
创于1897 The Commercial Press

Alexander Pfänder

Grundprobleme der Charakterologie

Aus:Emil Utitz (Hrsg.), Jahrbuch der Charakterologie,

Berlin: Pan-Verlag R. Heise, 1924, S. 289–335

本书据此文译出

《中国现象学文库》总序

自 20 世纪 80 年代以来，现象学在汉语学术界引发了广泛的兴趣，渐成一门显学。1994 年 10 月在南京成立中国现象学专业委员会，此后基本上保持着每年一会一刊的运作节奏。稍后香港的现象学学者们在香港独立成立学会，与设在大陆的中国现象学专业委员会常有友好合作，共同推进汉语现象学哲学事业的发展。

中国现象学学者这些年来对域外现象学著作的翻译、对现象学哲学的介绍和研究著述，无论在数量还是在质量上均值得称道，在我国当代西学研究中占据着重要地位。然而，我们也不能不看到，中国的现象学事业才刚刚起步，即便与东亚邻国日本和韩国相比，我们的译介和研究也还差了一大截。又由于缺乏统筹规划，此间出版的翻译和著述成果散见于多家出版社，选题杂乱，不成系统，致使我国现象学翻译和研究事业未显示整体推进的全部效应和影响。

有鉴于此，中国现象学专业委员会与香港中文大学现象学与当代哲学资料中心合作，编辑出版《中国现象学文库》丛书。《文库》分为"现象学原典译丛"与"现象学研究丛书"两个系列，前者收译作，包括现象学经典与国外现象学研究著作的汉译；后者收中国学者的现象学著述。《文库》初期以整理旧译和旧作为主，逐步过渡到出版首版作品，希望汉语学术界现象学方面的主要成果能以《文库》统一格式集中推出。

我们期待着学界同仁和广大读者的关心和支持，借《文库》这个园地，共同促进中国的现象学哲学事业的发展。

《中国现象学文库》编委会

2007 年 1 月 26 日

目　　录

引　论

　　对自己所遇之人的种种性格进行观察，做出认识、评判和叙述，这一直以来就是人的一种乐趣。即使他在此过程中也受到那些会模糊并扭曲其目光的个人兴趣的引导，他最终获得的那些意见始终还是会主张自己是对真实的人的特征的真实认识。当然，他会常常就此而与其他人产生意见纷争，但他始终相信他对人的性格的认识的可能性，而且哪怕他恼怒地发现他不能证明他的这些意见的真实性，他也固执地坚持他的意见的正确性。难道不应当假设，他会兴高采烈地欢迎这样一门科学，它的研究恰恰就是针对人的这些如此有趣的而且如此有争议的性格进行的，并且许诺他：这些研究的结果可以减轻和确保他自己的认识？然而相反，我们在广泛的范围中看到，性格学至今还是相当地被轻视的，甚至几乎是被蔑视的。只有少数人还参与其中，但大多数人则根本不关心它。关于人的性格，受到偏爱的仍然是那些警句箴言式的机智妙语。

　　这门科学受到的尊重是如此之小，而且在它自己受到的尊重中，许多都还只是将它尊重为那种江湖郎中的智慧（Kurpfuscher-weisheit），原因何在？仅仅是因为它的状态的不完善，因为它的那些结论的贫乏和无用？或者是因为那种隐秘的信念，即在这个领域不可能有真正的科学，唯有一种特殊的个人的才华和能力才能够在个别情况中认识人的性格？所有科学的性格学研究真的都应当是徒劳无益的吗？

当然，最近以来重又越来越强烈地涌现出对一门科学的性格学的各种不同兴趣。人们如今想要在经济过程中尽可能经济地合并他们在经济和技术中使用和耗费的大量未知的人；人们不想对他们首先进行长期的、大量的和徒劳的试验，而是想尽可能迅速而正确地认识他们的性格，而他们的可用性和工作能力就取决于他们的性格，人们想从一开始就确切地知道，"对他们可以抱有什么样的指望"。而这时人们便很乐意寄希望于性格学的科学。

此外，大众培训和大众教育在今天同样涉及未知的儿童。很快就表明，大众程序并不始终在他们那里具有相同的成效，毋宁说，人们必须"个体化"，而后才能有目标有成效地对他们发挥作用。人们感到有必要首先认识个别学生和学徒的个体性格，于是现在求助于一门科学的性格学。

最后，大城市的生活、离开家乡、所有交通限制的消除，这些都让个别的人不断接触到素不相识的人，并迫使他与他们建立更紧密的关系。如果他能够从一开始就认识他们的性格，那么这会使他感到安心和有保障！而这时他就会向一门性格学的科学寻求帮助。

然而今天向性格学涌来的不仅仅是现代经济与技术、大众培训和大众教育、实际生活与交通。还有一批科学也被同样的需求所充满。例如，如果人们在历史科学中越来越多地认识到历史人物的重要性，而且明见到，对他们至此为止的阐述是多么不充分、不真实，甚至是伪造的，那么人们就必须寻找一种可靠的和真正的性格认识的手段和途径，这样人们就又要期待性格学来提供。

　　系统的文学与艺术的科学如今尝试更为深入地了解创作的诗人与艺术家的性格，并且为此而迫切希望有一门缜密而善解的关于人的性格的科学，以便更好地理解在创作者及其精神作品之间的联系，并且因此也更好地理解作品本身。

　　而后还可以说，如今尤其迫切需要一门严肃的性格学的首先是心理分析术，而且它自己甚至都已经转而开始为这门科学提供一些有价值的贡献。因为它已认识到，一个人的精神疾病，尤其是精神分裂和躁狂忧郁方面的癔病，究竟是属于何种类型的以及属于哪些特殊变异（Modifikation）的，这也取决于他的性格。

　　在这个对一门科学性格学的众口同声的要求中当然也表达出这样的意见，即至此为止所呈现出来的东西并不是十分完善的。而且，如果我们以无成见和不拘束的方式对在此领域中以往贫乏的、而今如此丰富的成就进行检验观察，那么我们必须从根本上赞同这个看法。我们只要承认一点：即使有一些性格学的阐释出现，它们主张这门学科业已完成，或至少看起来业已完成，我们却始终还处在性格学的开端上。这种不完善性的原因是多方面的。其中之一是这个实事本身的困难性。如果说对一个个别人的性格的真正正确而完整的认识就已经是困难的，那么要想上升到系统的性格学的认识，困难就还会成倍地增长，对此，每个曾经在此领域中认真地付诸过努力的人都会予以证实。然而，尽管这是我们的科学的不完善性的原因，从中却仍然不能得出，这门被期待的性格学是完全不可能的。诚然，每一门困难的科学在其开初阶段都伴随着精神的懦弱者和胆怯者的丧气话语。但他们的噪声不应当干扰我们。我们当然无法排除实事的困难性；但通过一再更新的和无所畏惧的努

力，我们最终可以越来越多地克服它们。与此同时，性格学的科学
所面临的困难性不仅植根于实事之中，而且也植根于研究者本身的
个人状况和历史条件状况之中。

上述受历史条件决定的兴趣虽然已经为性格学的完善提供了
有力的推动，但寓于这些兴趣之中的急躁，以及它们所急于达到的
十分特别的目标，却很容易将研究者带向误区并使他们满足于还相
当欠缺的结论。这些紧迫的陌生兴趣必须首先得到滤清，成为一种
293　耐心而纯粹的认识兴趣，它暂且仅仅出于它自己的缘故而投身于研
究的对象。

与此同时，那些不受实践兴趣、交往兴趣以及其他科学兴趣主
宰的人在朝向人的性格的研究过程中会发现自己沉浸在某些自然
成见中，他自己最初没有注意到这一点，但它们会将他隐秘地引向
严重的欺罔以及完全错误的道路，而当他认识到这些成见时，他会
很难把握和摆脱它们。因为首先他自己也有一个特定的性格。而
即使他以特有的方式知晓他自己的这个性格，他通常也还远远不能
详细而正确地认识它的特性。他会沉浸在它之中。尽管如此或正
因如此，他自己的性格会成为他认识他人性格的错误标准。当他观
察其他人时，他自己的性格会悄悄地移到他的眼前，遮住他的目光。
而通过这个本身未被察觉的中介，他现在所看到的大多数其他人的
性格必定已经是在这里被暗化了，在那里被亮化了；在这里被扭曲
了，在那里被抚平了；在这里被丰富了，在那里被抽空了。除此之
外，他面对其他人的性格会抱有同情和反感，它们现在也会不由自
主地在暗中影响他对其他人性格的认识。

但即使当人最终发现了这些迷惑他的认识的成见，他也根本还

没有摆脱它们，而是需要一再地进行努力来挣脱它们的缠绕，将自己提升到自己的性格之上，并且排除他的偏爱与厌恶对他的认识的影响。

除此之外，他的过去生活的漫长习惯更多是在于对其他人的性格进行价值评判，而非进行清楚的认识，这种习惯会一再地起作用，并导致这些性格始终通过价值着色的方式而以非其真实所是的样子显现给他。唯有费心竭力，他才能撤走这些被植入的价值，或至少排除它们对他的认识的任何影响。恰恰是在这个中止任何价值评判的尝试过程中，他通常还会遭遇另一个危险，即做得过了反而不仅禁止了任何一种价值理想的构成，而且也禁止了任何一种理论的理想化，而后者是在性格学中绝对要进行的，对此我们在后面还会做更为详细的考察。

在所有这些困难性之上还要再加上一个难以克服的束缚，这是如今的性格学家受到的某些历史限定的攀缘植物（Schlinggewächs）的束缚。例如，对他来说，最显而易见的就是从如今的心理学那里获取一些可以帮助他完成任务的装备。但如今的心理学在长期的迷惘之后才刚刚开始犹豫迟疑地承认一个人的心灵的实存；而且心理学大都还会将它视作一个未知的 X 或仅仅视作一堆原初的和习得的素质，人们通过空泛的回溯推理而仅仅在思想上将它们当作人的心灵生活的一个无法认识的基础来对待。难道性格学家可以从一门建立在如此基础上的心理学那里获取用于他的目标的某些收益吗？他想要认识人的心灵的特殊本质种类，但它们是作为统一的、内在确定的本质浮现在他眼前的，难道他应当以这样的假设为出发点，即它们最终是根本无法认识的；而且难道他应当从大量显露出来的关于心灵生活外围的个别认识中脱身出来，重新回到构成他的真正认识对象的未被注意的深层中心去吗？这难道不意味着，首先将自己的双脚捆绑起来，转移自己的目光，让自己受到迷惑和蒙蔽，而后还想朝着业已丧失的目标奔跑？！事实上也已经表明，谁虔诚地在前几十年的心理学中浸泡过，谁就很难找到通向完善的性格学的通道。

294

最后还有某些传统的认识论偏见会添加进来，从而使他完全瘫痪，因为它们会向他展示和为他的研究推荐唯一科学的认识方法，这些方法在面对无生命的自然时曾有过无可置疑的成就，然而他的研究却要倾注在完全不同的对象上，即倾注在特有的、人格的、心灵的人的生物上。

因此，性格学家首先必须将自己从所有这些束缚性中解脱出来。但为此他首先要认识这些束缚性。并不是说，性格学至此为止的工作都是完全徒劳的，而且他不值得去关注这些工作。但是，即使性格学的研究给他的精神带来的更多是迷惑，而不是对性格认识的促进，而且即使所有那些对性格的不同分类，以及所有那些展示给他的心理图式都很快会表明它们的欠缺性，而后仅仅作为古老的废墟留存下来，而对它们的继续建构对他而言完全是毫无指望的，他也仍然不应当被夺走勇气。毋宁说，现在是时候对性格学的基本问题与真正对象进行回返思考（zurückbesinnen）了，而且要从这种回返思考中积聚新的清晰性和力量，而后重新做出努力和研究来促进这门关于人的性格的科学。因为，虽然这些主张听起来是如此大胆，如今的性格学甚至都还没有获得过关于它的研究对象、它的任务以及它的方法的完全清晰性。

一、性格学的对象

初看起来，关于性格学的对象根本不可能会有疑义。因为这门科学，即使偶尔也在其他的名义下，所指向的始终是人的性格，它按照如今的名称想要涉及的也是人的性格。人当然是一个三位一体的生物，他同时是躯体、活的身体和活着的心灵。但是很明显，人们要认识的不是他们的躯体的性格，不是他们的活的身体的性格，而是他们的活着的心灵的性格。人们的个别的心灵，曾经活过的，现在活着的，以后将活着的心灵，显然是性格学首先要指向的被给予的经验材料。这些人的心灵中的每一个都具有一个性格。如果我们声称，这些心灵中的这一个或那一个是无性格的（charakterlos），那么我们并不想说，它们根本没有性格，而只是说，它们具有一个坏的性格、一个弱的性格或一个不太明显的性格。

每个人的心灵都具有一个性格，这个一般意义上的性格现在究竟是什么呢？对这个问题可能又会有多个答案；这取决于人们在这里所看到的究竟是整个人的心灵，还是仅仅是这个心灵的这一方面或那一方面。故而人们例如可以将性格专门理解为人的意欲的特质（Eigenart），或专门理解为人的情感的特质。但很容易看出，意欲的特质或情感的特质或心灵的某个其他方面仅仅是人的心灵之总体性格的特殊分类，它们展示的是这个总体的特有本质种类，按

295 照它在其意欲的或情感的或其他的行为举止中所表露出来的样子。
而最普遍意义上的性格无非就是整个人的心灵的特有本质种类。

1. 个体的性格

　　每个人的心灵都具有一个尤其为它所特有的本质种类，它或多
或少清楚地表现在它的所有生活方向中。每个人都有一个自己的
个体性格。因而个别的人有多少，性格就有多少。所以，如果严格
地坚持作为性格学出发点的经验对象，即坚持个别的人的心灵，那
么首先就需要认识个体的性格。对于不想成为一种对记录下的性
格肖像之收集的性格学来说，这种认识虽然只是一种准备工作，却
是一个必然的基础，它必须从这个基础出发并且一再地回溯到这个
基础之上。

　　如果人们的目的在于认识某个个别人的性格，那么人们就有必
要做出一个本质的区分，它对于性格学来说具有至关重要的意义。
即是说，被观察的人首先带着他的性格展示自己，这个性格现在确
实是他在此时刻所具有的性格，而且它接下来也应当被称作他的经
验性格（empirischer Charakter）。现在，这个人在被给予的时间点
上处在一定的生命年龄中。他的经验性格参与了这个年龄的分殊
特征。因而他在不同的时间中是各不相同的；作为孩童，作为年轻
人，作为成年人，作为中老年人，作为白发老人，同一个男人会随着
生命年龄的变化而具有各种不同的性格。如果在一个特定的时间
点来定义一个人的性格，那么人们在就某些品性（Eigenschaft）来谈
论他时就应当说："虽然他是这样的，但这是因为他的年龄的缘故。"

除了这些受其生命年龄制约的规定性之外, 在特定时间里的经验性格还会表明某些其他特有性(Eigentümlichkeit), 这些特有性是在其生活进程中才产生出来的, 要么通过外部的影响, 要么通过他自己的有意的行为举止, 而且它们重又可以通过未来的外部和内部的作用而被改变。就此而论, 人们关于他可以说, "虽然他现在的确是这样的, 但他以前并非如此"。与那些受到生命年龄制约的性格特征(Charakterzüge)一样, 这些性格特征也仅仅在某个时间属于相关的人; 这两种性格特征都是会随时间而发生变化的。

以上所说的性格特征总还是在延续较长的时间段中为人所拥有, 在此期间它们也会进一步限制在一些受短暂而临时的状况的制约且仅仅在这些状况存在期间延续的特征这里。例如, 如果被观察的人暂时处在恐惧和忧虑之中, 因而他现在表现得过敏、乖张、不可爱和自私, 那么这些性格特征眼下在经验上是确实存在的; 它们属于他在这个短暂时间段中的经验性格。"虽然他现在确实是这样的, 但他并不总是如此。"这样一些暂时的性格特征已经有多少次被用于对人的性格刻画的传记中了!

某个人的经验性格还会有其他的规定性, 它们虽然会延续时间较长, 并且在此时间里也确实存在, 但它们在更仔细的观察中会表明自己完全是非真正的特征。例如, 人们在一个人那里持续地发现某种温柔与可亲, 而在更为深入的探究中却发现, 在这种温柔可亲后面隐藏的是无情严酷和全然冷漠。在后者确实是真正的特征的同时, 前者则会表明自己是伪装的和非真正的。这样在他的经验性格中就包含了两个相互矛盾的性格特征层次, 在它们之中只有下层的是真正的, 而上层的则反而是非真正的。"他虽然是温柔可亲的,

296

但所有这些都不是真的。"

最后，在某个人的经验性格上还有这样一些特征，它们虽然是持续的和真正的，但它们还不是根深蒂固的，而是在这个人这里被人为地硬凑起来的（aufgepfropft）。例如，相关的人现在可以持续地表现出一种真正的果敢、决断和坚强有力，但这些对他来说仅仅是"已经成为的第二本性"，它们对他来说完全不是根深蒂固的，而是他例如通过对他周围的榜样的仿效或通过自己的有意努力而被人为地硬凑起来的。经验上他确实就是他自身给予的样子；而他是否"在根本上"也是如此，对此人们即使认识了这种硬凑的情况也无法毫不迟疑地做出决定。因为这种硬凑首先仅仅意味着：这些特征不是从其本质根系中直向地生长出来的，但它并不必然意味着：它们与它的基本本质的特质就是相违的。毋宁说，一个人例如可以"在根本上"确实是一个仁慈而可亲的人，但通过持续的影响和特别的命运而被阻碍从他的这个基本本质中直向地生活出来；而后他恰恰超出这个阻碍层而硬凑出一个仁慈而可亲的本质，它现在虽然与他的基本本质相符，而且也持续地和真正地成为了他的第二本性，但仿佛他的生命血液不是直接出自他的基本本质，而是因为受到那个中间层的阻碍而仅仅从他那里以某种方式绕道而来。

因此，我们能够确定某个人在一个被给予的时间点上的性格特征，它们之中的一些处在多个层次中的特征与他的联系或多或少是松散的。如果我们现在将它们从这个经验性格中取出，如果我们因此而撇开了所有硬凑的、非真正的以及在有限的时间中存在的东西，那么留下来的就是根深蒂固的、真正的和持续的特征，它们仿佛是在那些层次面前构成了经验性格的核心。但人们必须获得这样一个重要的明察：在经验性格的这些核心特征中始终还可能发现一些特征是与这个人"在根本上"之所是不相一致的特征。例如，一个人在其生命的大部分时间里在经验上都是真正地和根深蒂固地冷酷和乖张，而他"在根本上"却具有温和而渴望亲情的情感。早期的青少年经历与命运会持续地使得一个人不同于他"在根本上"之所是。他的基本本质有可能在这个或那个方向上被不恰当地养成（Auszeugung），被引向错误的轨道，被迷失了，被扭曲了或被荒芜了。这时他的经验性格也会在他于此方向的核心特征中有别于这个人"在根本上"之所是，并且有别于我们现在想要称作他的根本性格（Grundcharakter）的东西。"虽然他确实是并且始终是这样的，但他在根本上还是不一样的。"当然，在经验性格的那些核心特征中也有一些确实是与他的根本性格相符合的。但这并不会妨碍人们对一个人的经验性格与根本性格必须做出这个重要的区分。接下来还应当对这个区分再做一些说明。

　　首先，需要强调的是：这里所说的区分并不等同于康德和叔本华在"经验性格"与"悟性（intelligibel）性格"之间所做的区分，尽管它也许构成了对这两位哲学家的主张而言的真正基础。上面所说的根本性格是某种实在的东西，是在时间中实存的东西，而康德和叔本华的悟性性格则处在所有时间的彼岸，而且是一个未知的物自体，只是在思想上被当作经验性格的基础。尽管根本性格也或多或少清晰地"显现在"经验性格之中，就像康德和叔本华认为悟性性格显现在经验性格之中一样；但这个"显现"在前一种情况中的含义与在后一种情况中的含义是各不相同的；如果我们继续考察根本性格与经验性格的关系，那么这一点还会得到进一步的表明。

因而个别人的根本性格是人"在根本上"之所是，是他的特有的心灵本质种类，它从开始起并且持续地在他之中存在，而且恰恰是它才使他成为这个特定的人。但人们现在不能反过来认为，那些持续地并从开始起就在这个人身上存在的东西都属于根本性格，而且正是它们才使得他作为这个特定的人有别于其他人。毋宁说，在关于什么属于一个人的根本性格问题上，这里需要拒绝几个明显的谬误。

所以，一个人例如从开始起并且持续地拥有某些身体-心灵方面的资质（Anlage）、能力和力量，但它们却完全不能被算作他的根本性格，而只是在某种程度上表明一种对他生命而言的配置。区分色差或音高，或记住姓名、走钢丝、模仿动物声音、演戏，甚至有可能也包括数学思维，这些资质与能力虽然是天生的和持续存在的，但即使如此也是外在于相关的人的根本性格，并且应当被视作附加给它的东西。当然，对于根本性格的养成来说，在特定的身体-心灵的资质、能力和力量方面的配置是或多或少有意义的；但它只是一同规定着经验性格并且完全不会触及根本性格。因此，将一个人的资质、能力与力量视作其根本性格，而且认为性格构成仅仅在于"所有资质、能力与力量的培养"，这是一个严重的错误。毋宁说这一点也许是必然的：纵使一个人的根本性格真的应当含有他的完整而恰当的塑形，那么他身上的某些资质、能力与力量也仍然会要么根本不是被培养出来的，要么至多只在是很小的程度上被培养出来的。由此已经可以得出，人的某些有益的资质有可能会被引诱到对其根本性格的养成而言非常有害的轨道上去。当然，根本性格在被养成之前同样包含了一系列禀赋（Angelegtheit）、能力和力量，即它们才使他成为具有特定性格的人并作为这样的人行事。但应当将这些本质禀赋与那些配置资质区分开来。例如，一个在根本性格方面是哲学的人与一个带有哲学天赋（Begabung）的人并不相同；同样，"天生的"音乐家不同于一个有音乐天赋的人。是的，"天生的"音乐家或哲学家的配置天赋甚至有可能要小于一个仅仅在音乐或哲学上有天赋的人，以至于前者或许要进行艰难的搏斗才能确实成为他"在根本上"所是的人。（此外，由此还可以得出，并非所有让人觉得艰难的东西都表明在其根本性格方面的不恰当性，并非所有让人觉得容易的东西都会表明在其根本性格方面的恰当性，相反，它们所指明的常常只是一种不利的或有利的配置。）如果我们按通常的做法将配置资质称作原本素质（ursprünglichen Dispositionen），那么就可以得出，完全不能将那个有别于经验性格的根本性格等同于原本素质的总体。当然，如果某个根本性格可以成功地在生命进程中完完整整地被养成，那么它必定具有一个恰当的配置；但这个配置因此还并不会本身就与根本性格相一致，也不会与它的一个部分相一致。

如果个别人的根本性格是使他原本成为这个人并使他有别于其他人的东西，那么反过来又要说，并非所有使他有别于其他人的东西都属于他的根本性格。一个像某个算术家所具有的独一无二的配置资质有可能是一个有分别的性格特点（Charakteristikum），然而却恰恰不会作为单纯的配置而属于他的根本性格。而且就像在身体某个部位上的一个大的肉赘或疤痕虽然可以是一个有分别的记号，却并不因此而属于这个身体的基本本质，一个人的一种特殊迷信或一种独特怀疑同样可以将他在心灵上区别于他人，却并不

298

会因此而是他的根本性格的一个规定性。根本性格因而不同于一个人的心灵的有分别的标识记号的总体。

接下来，还要将所有异常的和病态的东西从根本性格中分割出来，它们更多会附着在经验性格上。就像天生的外耳畸形不是相关身体的基本本质一样，在对他人思想的理解方面的天生残疾也不是根本性格的一个规定性。而且就像身体的一种急性的或慢性的疾病不是身体基本本质的一个状况一样，一种急性的或慢性的心灵疾病也不是人的心灵的根本性格的一种规定性。毋宁说，这种根本性格本身是完全正常而健康的。所有异常和疾病都仅仅涉及经验性格。

然而这并不是说，现在所有在经验性格方面正常而健康的东西本身都属于根本性格或至少是根本性格的如实反映。我们在经验性格上取出的那些上面的层次，即硬凑的、非真正的和临时的东西，同样包括那些配置资质，都可能是完全正常而健康的，并且尽管如此也不从属于根本性格。但这同样也适用于经验性格的其他正常而健康的规定性。例如，某种由过去的命运和经历决定的沉默寡言可能不带有任何硬凑的、非真正的和临时的东西，纵然还可能是正常而健康的，但即使如此也是与根本性格不相即的。唯当人们要将个体的根本性格本身及其养成的可能性当作标准，来衡量恰恰在这个个体那里是异常而病态的东西时，在经验性格方面的所有在此意义上的正常而健康的东西才会明确地指明根本性格的相应规定性。

人的心灵的普遍主要弱点对根本性格持有一种十分特殊的态度。每个个体的人都在表明这些主要弱点的一个特殊变异，因为每个人都倾向于在这个或那个方向上或多或少地外化（veräußerlichen）自己或异化（entfremden）自己；每个人都倾向于或多或少敌意地面对这个或那个生物；每个人都倾向于或多或少盲目地固守在他的经验性格的这个或那个规定性中；每个人都倾向于在他的心灵生活的这个或那个领域中或多或少地遗忘上帝或远离上帝地生活。谁自己意识到这些倾向性，谁就会将它们觉察为弱点，尽管这些弱 299 点深深地植根于他之中，但他感觉自己有义务去克服它们，因为他"在根本上"不是如此，而且"在根本上"也不愿如此。因而虽然这些弱点是他原本就具有的，但即便如此，它们对于他的根本性格而言还是异的。如果他听任它们的摆布，那么他就不会成为他在最深的基础上之所是和之所愿是。他体验到，尽责的应然（verpflichtendes Sollen）在要求他克服这些弱点，这种要求并不被他体验为一种异质的要求，而是被体验为一种自己的萌动的根本性格的表达。因而这些弱点不是他的根本性格的直接规定性，即使它们也能够从根本性格和它的自身养成的经验条件出发而得到阐明，这里不应对此再做进一步的论述。它们只是原本附着在经验性格上，并且一并规定着根本性格在生命进程中如何被养成。

在全部现世生活期间，根本性格本身始终是同一个。它所经历的唯一变化在于，它在生命进程中或多或少完整而恰当地被养成。然而，这种存在于从未被养成到已被养成的过渡之中的特有变化，并不会妨碍某个人的根本性格在其他时候是稳定不变的。倘若它还经受了进一步的变化，那么相关的人就会随之而变成另一个人了。个体在其生活期间的现实同一性仅仅带着根本性格的稳定性才是可能的。稳定性属于根本性格的本质。

诚然，一个人的经验性格在其变化的性格特征之外也会表现出稳定的性格特征。而且人们因此而会认为，根本性格无非就是这些在整个生命期间都始终是稳定的经验性格特征的总体。但这个看法是一个错误。因为，正如前面所说，经验性格的相对稳定特征完全不需要与从属的根本性格必然相符合，而是有可能通过早期的误导性影响而形成，而且要么通过盲目的固持趋向，要么通过指向同一方向上的其他作用而得到持续的固定。而后这些经验的性格特征虽然是稳定的，但并不因此而属于根本性格。另一方面，根本性格的某些特征，例如自由行动的自我的精力，在生命的进程中有可能只是逐渐地得以养成，它们因而在经验性格中并不是稳定地存在，而只是变化地存在。最后，还有可能出现这样的情况，根本性格的某些特征，例如自我献身的爱，在一个人的整个生命中根本没有机会养成自身，要么是因为他人此前便去世了，要么是因为始终有大的障碍存在，要么是因为对此而言必要而有利的条件从未出现过。这样的话，它们就在其经验性格中是完全缺失的。据此，在根本性格中包含某些特征，它们在经验性格中根本不会被养成，或每次只是不完善地被养成，而另一方面也有某些特征并不属于经验性格，即使它们在经验上是稳定存在的。

个体的根本性格是人的心灵的原本个体特性。人的心灵是一个自身发展的生物，它虽然从开始起就具有一个特定的特性，但这个特性只是逐渐地在生命进程中或多或少清晰而完善地显露出来。与在其他生物那里的情况一样，这个发展并不在于，一个业已形成的且只是叠合在一起的生物逐渐地伸展开来；也不在于，一个业已完成的微型生物逐渐增高增大；也不在于，仅仅将彼此分开的业已完成的部分取来并组装成一个整体；而是在于，一个被安置在胚胎中的东西从内部而来通过一个在时间中的各个变化阶段的特定顺序而或多或少完全地被养成。个体的基本特征因而在开端上只是以特有的胚胎的存在方式在此，作为一种单纯的"勾画"（Vorzeichnung）或一种单纯的"禀赋"。但它并不因此而是一个非现实的、单纯思想上的构成物，而是某种实在的东西，它同时还配备了某种在自身养成方面的渴望以及某种在自身养成方面的力量。只是它是否能够达到它的完整养成，这一点并不取决于它。这个现实达到的、或多或少完善的根本性格之养成每次都处在经验性格中。在被给予的时间点上，根本性格一部分是已被养成的，一部分是未被养成的，一部分是相即地（adäquat）被养成的，一部分是不相即地（inadäquat）被养成的，但始终是在其整体中存在的。

　　不过，现在人的心灵不单单是一个心灵生物一般，而是一个人格的、心灵的生物，这意味着，它有能力做出自由的自身规定。因而它在某个时间表明的经验性格在或大或小的程度上带有自由而自在的自身规定的痕迹；它并不只是自发地生成为其所是，而是这个自由行动的自我本身对它的这个生成发挥着或多或少规定性的影响。因而在这个经验性格方面，可以将那个在没有自由行动的自我的协助下简单生成的东西区别于通过它的自由行动的行为而招致的东西。这里有一个显而易见的诱惑存在，即正好将经验性格方面的那个前者，即那个"自发地"、"自然地"形成的东西，视作根本性格，而相反将那些只是以某种方式受到它的自由行动影响的东西看作一个艺术作品，一个与根本性格相违背的和被养成的东西。但这也将是一个严重的错误。因为首先，那些在经验性格方面没有得到自由行动的主体的协助也得以生成的东西，是完全不需要与根本性格相符合的。外部的影响常常有可能不经意地将人的性格引入歧途，对它进行违背本质的塑造，而且即使在有心反抗的情况下也会使它成为它在根本上完全不是的东西。一系列的失败、一大堆的疾病和不应受到的冷落，都有可能在不经意间将一个在根本上是欢快而乐天的性格塑造为即使不是厌世的也是严峻而冷漠的性格，哪怕他对此有所抵御。甚至连业已养成的东西，例如一个已养成的简单莽撞也可以通过对附近周围其他同类人的不经意仿效而"自发"产生。

其次，通过自由行动的帮助而在经验性格方面产生出来的东西既不一定与根本性格相违背，也不一定表明这个被养成的东西的特有性。因为，例如根本性格的所有那些特征只有在克服了这些或那些主要弱点，或消除了这些或那些影响的作用之后才能得到完全的养成，这些特征一般都需要自己的自由行动的协助，同时不必因此而成为非真正的，或硬凑的，甚或与本质相违的性格特征。此外，这甚至都不是一个值得抱怨的、可恶的事实，即根本性格并不是"自发地"完整被养成的，而是需要自由行动的协助；毋宁说，人的根本性格的本质就在于，它是这样的而且必须是这样的。因为这个根本性格甚至就是人的心灵的特有本质种类，而这个本质种类是一个人格的本质种类，即是说，这样一个心灵生物的本质种类，它在某种程度上以认知的和实践的方式掌控它自己，而且它要将这种自身掌控归功于它自己的自身行动。因此，为了使这个根本性格完整地被养成，为了一个能够在某种程度上掌控它自己的人格经验地在此，必定会有自由行动的自身养成必然地加入到自动养成中。当然，自由行动恰恰作为自由行动而并不必然需要在自己的性格塑造

301

过程中向根本性格的方向行动，但是，如果根本性格应当尽可能完善地被养成，那么它就可以而且必须在这个路线上活动；不仅是因为在经验的人那里始终有内部的弱点和外部的分心与妨碍的因素需要被克服，而且也因为某些根本性格特征本身根本不能以其他方式被养成。无论是在人的自我放任的情况下的自动养成，还是人在自我主宰、自我命令和自我管理的情况下的自由行动的养成，都有可能误入歧途，并且违背根本性格的要求，即以一种与根本性格不相适合的方式来塑造经验性格。根本性格因而并不必然与自然性格相一致，它也并不必然与自由性格相违背。只是，如果人们想要将自然性格恰恰理解为人的心灵本身的原本特有的本质种类，那么自然性格当然也就与根本性格相一致了。但这样也就很清楚了，它可以完全不同于那些在经验性格中"自发"产生的东西。如果没有认识到，人作为心灵生物不是一个单纯的生物，而是一个人格，而如果人们同时持有与经验相悖的意见，即以为每个生物在任何情况下都会完整地"自发"达到对它的基本本质的经验养成，那么就不言而喻地会出现那种不假思索地将"自发"产生的经验性格等同于根本性格的做法。因此，以为人们只要排除或摧毁所有外部的障碍，尤其是那些阻塞性的和迷惑性的文化状况，人作为人格就始终可以"自发"获得其相即的养成，这是一个重大的错误。只要自由行动尚未被召唤来进行协助，而且尚未在根本性格的意义上活动和在自由服务于根本性格的过程中起作用，那么不仅是人的弱点，而且人的人格的特殊本质本身都会阻碍真正相即的养成。

　　因而一个人的根本性格或多或少不同于它在一个特定时间的经验性格。它是经验性格在自身养成方面的逼迫性的和起作用的存在基础，而经验性格这方面则每每是根本性格的或多或少恰当的养成。因而对经验性格和根本性格的区分并不意味着，人拥有两个相互独立的、彼此对立的性格。经验性格依赖于根本性格，后者构成前者的存在基础。由于根本性格或多或少是在经验性格中自身养成的，因而它同时在客观的意义上或多或少相即地"显现在"经验性格中。成年人的各个经验性格部分是自动产生的，部分是通过它的自由行动的共同作用产生的，而且是如此产生，以至于在这里共同起作用的不仅仅是自身养成的根本性格本身，而且还有相关个体的特殊弱点，而后还有他的身体-心灵配置，最后还有外部的状况。

　　如果人们现在考虑到，人们在某个人那里所期待的下一刻的实际行为举止主要取决于他当下的经验性格而非他的根本性格，那么人们就会理解，那些想在对实用兴趣的服务中认识一个人的性格的人，会仅仅将他们的目光朝向这个人的经验性格，而且他们倾向于对他们应当深入到对那个人的根本性格的认识中的要求予以不耐烦的拒绝。如果他们仅仅想知道，"应当对这个人抱有什么预期"，他在交往中会有哪些行为举止，人们可以用他来做什么，人们现在可以期待他有哪些成就，那么还有什么理由去关心他的那个尚未在经验性格中被养成的根本性格呢！糟糕之处仅仅在于，这些带有实用兴趣的性格学家们很容易也会跟从进一步的倾向：不仅忽略他们不感兴趣的东西，即根本性格，而且还否认它的实存并宣称它仅仅是思想产物，以此方式来使它贬值。在这一点上可以清楚地看到，实用兴趣对性格学有可能起到多么有害的作用。因为对于纯粹的认识来说，那些对于特定兴趣而言完全无关紧要并可以被忽略的东

302

西当然也是实存的。

最后，还要抵制一个事实上常犯的明显错误，即认为个体人的根本性格肯定不是他的总体本质，这个总体本质的相应个体化应当是由经验性格来表明的。当然，个体的人"在根本上"也是一个人；他具有一般人的根本性格；他与其他人共同具有一些性格特征，他们正因为这些性格特征才是人。但他也还具有他自己的个体的根本性格，他因为这个根本性格而有别于其他人。此外，我们还会看到，人的普遍的根本性格并不等同于个体的经验性格的"普遍之物"。因此，在个别的人那里，他的根本性格与他的经验性格的关系并不像普遍之物与个体之物的关系。毋宁说，无论在经验性格那里，还是在根本性格那里，都存在着普遍之物与个体之物的区别。至此为止我们所看到的都还仅仅是个体的经验性格和个体的根本性格。因而还需要对普遍的性格做一些说明。

2. 普遍的性格

即使人的个体性格构成性格学的出发点，它们也并不是性格学的目的地。性格学不想获得对个体性格学的肖像的收集，而是作为系统-理论的科学而致力于"普遍之物"。而离个体性格最近的"普遍之物"就是人的性格的各个种类。因为不只是一个个别的性格特征，而且还有一个人的整个性格都会以同样的方式也出现在其他人那里，或者至少有可能是这样，倘若在现实中恰巧没有同样种类的多个样本的话。性格种类因而是人的心灵的特殊本质构形（Wesensgestaltung），仿佛是不同的压模图样（Prägemuster），它们之中的每一个原则上都可以是由一批人的心灵同类刻印的结果。

但尽管现在性格种类存在于普遍之物中，人们还是必须依照前面的结论来区分经验性格的种类和根本性格的种类。这个区分绝不等同于对真正的和非真正的种类之间的区分（亚里士多德就已经做了这个区分，但虽然它对于认识实践的意义重大却至今仍未得到完全的澄清）。因为无论在根本性格那里，还是在经验性格那里，都可以辨认出真正的和非真正的种类，同时不能将这些非真正的种类混同于非真正性格的种类。

属于经验性格之种类的当然也有异常的和病态的性格种类，而根本性格的种类则根本不包括异常的和病态的种类，因为如我们前面所见，所有异常的和病态的东西都从根本性格中被排除了。但由于经验性格并不必定是必然异常的和病态的，因此显而易见也有正常的和健康的经验性格种类。如果性格学并不刚好明确表现出与异常之物和病态之物的关系，那么它大都会试图去认识经验性格的这些正常的和健康的种类；但它在这里常常会不在意地过渡到根本性格的种类上去，而且会溜到异常的和病态的性格的那一边。无论如何它也需要认识根本性格的种类。

性格的最普遍种类、最高的属，是人的心灵一般的性格，即特有的本质种类，每个个别的人恰恰通过它而是一个人的心灵的人格，并且通过它而有别于其他非人格的生物。人的这个性格也完全属于性格学的对象，即使性格学至此为止对它忽略不计。

一般人（Mensch überhaupt）的性格是最普遍的方式（Art），即一般人作为心灵生物充实他的存在并对他自己和他者持有态度的方式。人的性格的种类是更为特殊的种类，即人作为心灵生物可以在其中充实他的存在并对他自己和他者持有态度。个体的性格是个体的种类，一个个体人在其中充实他的存在并对他自己和他者持有态度。如果人们要描述一个个体的性格，那么人们就只能给出它的种类，直至最低的种类；因为真正的个体只能鉴于个体本身来把握，或者只能用一个专名来标示。

一般人的特征也是如此，要么被当作他的根本性格，要么被当作他的经验性格。但与在所有生物科学那里的情况一样，最终构成性格学的目标对象的是根本性格。因为经验性格只是或多或少被养成的、或多或少不成功的和生长过度的根本性格。

就性格学在关于性格种类学说方面所犯下的某些错误而言，这里需要强调几个要点，当然只是以论点的方式。首先需要注意，种类所表明的并不是带有不同缺陷的属。纯粹的种类不可能是这样的种类，即在它们这里要么完全缺少属的特征，要么就发展得异常弱小。毋宁说，属必定是与它的所有特征一起完整地出现在不同的种类中。而且特征的秩序必须像它们在属中存在的那样被包含在纯粹的种类中。因此人们不能简单抹平本质的人的特征或将它们登记为异常弱点，以此方式从人的普遍性格中推导出个别的性格种类。但是，当人们例如将无意志的人或意志薄弱的人、无情感的人或情感愚钝的人视作一个性格种类时，人们的确就是这样做的。此外，人们也不能用这个或那个普遍人的性格特征的单一主宰状况来区分性格种类，而当人们例如在将理智人、情感感情人、意欲人 304 引证为性格种类，并且实际上将他们描画为人的怪物（Monstra）时，人们往往就是这样做的。

而后还需要注意，种类不可能是带有不同附加或补充的属，相反，种类规定性的标记必定是属标记的真实分别。在这里，如果人们例如将权力人在这个意义上视作一个性格种类，以至于在他身上权力意志作为一个单纯附加的因素而被添置到人的普遍本质之中，那么人们就犯有过失；或者，如果人们将宗教人引证为性格种类并以此来刻画他的性格，以至于人们将这种在其他人那里缺失的宗教性当作一种特殊的附加归属于他，那么人们也犯有过失。

　　除此之外，也应当将各个种类区别于各个发展阶段。人的性格的某个发展阶段可以表明与一个现实的性格种类具有某种相似性，例如青少年的发展阶段与女性的性格种类有某种相似性，但发展阶段本身并不已经是一个性格种类，而性格种类实际上也不只是一个发展阶段。人们不能为了不同的性格种类而牺牲发展阶段的性格；而且人们不能因为一个真实的性格种类与一个发展阶段极为相似便将前者从种类的系列中抹消。

　　数学-计算的头脑常常倾向于仅仅在数量和形式上以下列方式将性格的种类彼此区分开来，即：将人的性格分解为一批因素，并且而后根据这些因素的强度、优势、数量和秩序来规定不同的性格种类。在这里同时还有一个作为基础的预设，即：性格仅仅是由多个以特定方式排列的因素组成的一个复合体。这些因素通常被视作个别的性格特征。但下面将会表明，性格与它的个别性格特征的关系并不只是总体与它的各个部分的关系。

3. 性格的关系

a）性格（Charakter）与个别的性格特征（Charakterzüge）之间

的关系。性格，无论是个体的还是专门的和总体的性格，都不是一批性格特征的单纯集合体。尽管每个性格都具有一批性格特征，但它们首先不处在同样的阶段上；它们之中的一些对于另一些而言是第一级的和决定性的，因而后者是第二级的，甚至是第三级的。因此，它们构成一个特定的彼此有上下级关系的性格特征的等级制度。例如抒情–戏耍的性格带有一系列进一步的性格特征，它们受到抒情–戏耍者的这个性格特征的规定，因而它们[这些性格特征]相对于它[这个性格特征]是第二级的。

其次，性格特征的系统并不已经本身就是性格，而是性格本身决定性地处在这个系统的顶端。(甚至它还可以作为分裂的性格处在多个部分相互矛盾的系统的顶端。)性格特征是性格的统一本质所分解开来的规定性、特性、性格的诸方面。性格本身并不构成那些仅仅在思想上由那个对性格特征的杂多性进行总括的观察者制作出来的各个统一中的一个统一。性格不是单纯主观的统一性范畴。它也不单纯是像一个集合体那样简单地由个别性格特征拼凑起来的实事整体。相反，它是一个实事内容(Was)的统一，一个客观的、含有实事的统一。分裂的性格也构成这样一个实事内容的统一，尽管它的性格特征在一定程度上是相互违背的；它也不是一个从两个性格中并肩生长出来的双胞胎，不是多个被联合在一起的生物，而是唯一的一个生物。统一的性格在它的性格特征的杂多性中分化(ausgliedern)自身，它并不是由它们所组成。某个性格刚好在性格特征的这个特定杂多性中分化自身，这一点必须从它的统一的、含有实事的本质出发来说明。

性格与它的性格特征之间的这种独一无二的关系，即性格的分

305

化，属于性格学的对象。不言而喻，同样属于此的还有个别性格特征彼此间的关系，性格特征的系统。

b）*性格与它的证实（Erweisung）之间的关系*。人的性格，与生物性格一样，是在他的生活的特质中证实自身的，在这里就是在他的心灵生活的状况中和进程中。性格与它在心灵生活中的证实之间的这种关系完全不同于它与它的性格特征之间的关系。在这里人们之所以容易弄错，仅仅是因为人们大都不得不通过心灵生活的特质来说明性格特征，后者就是在前者中证实自身。相对于不断消逝的独特心灵生活，在其中证实自身的性格与性格特征是相对固定的。性格学当然也需要认识在性格或性格特征与它们在心灵生活中的证实之间的特别关系。

c）*性格与它的表达（Ausdruck）之间的关系*。性格不仅在它的性格特征中分化自身，不仅在心灵生活中证实自身，而且除此之外它也向外而在人的身体、表情、手势、语言、举止、步态和身体运动中表达自身。较之于性格与性格特征在其中证实自身的心灵生活，这种外部表达好像离性格的距离要更远一些。当然，性格的"外露"本身不是性格。它们常常还需要从已被认知的性格出发得到正确的诠释。除此之外，它们还会受到有意的影响并因此而容易迷惑人。表达关系肯定不同于刚刚提到的证实关系，而且它显然也不同于性格特征与性格所处的那种分化关系。因而它同样普遍地和个别地属于性格学应当研究的对象。

d）*性格与它的印记（Abdruck）之间的关系*。最后，人的性格也或多或少清晰地印刻下来，而且是在他的所有功能产品中：在他打扮自己、塑造他的住所和环境的方式中，在他的笔迹中，以及在他于各种不同领域里提交的文化产品中。性格的这些印记与性格的距离最远；性格在它们之中不再是活的；它们是性格的过去生活留下的死的痕迹。——这个印记关系同样还属于相关项的对象领域，即使它已经引向了性格学的最外部的边界。

4. 性格的养成（Auszeugung）

正如前面已经说明的那样，每个人的根本性格都会在一个发展阶段的特定顺序中向着它的养成逼近。这种养成本质上是受根本性格本身制约的；但它们同时也受到其他因子的一同规定，例如受到外部环境、身体-心灵的命运，尤其是个体的自由行动的行为举止的一同规定。或许，一个根本性格的养成原则上可以同样好地在各种经验性格中发生，以至于实际的养成仅仅是许多可能性中一个可能性的实现。——性格学也需要研究性格的养成以及对此产生影响的各个因子。一个性格的实际发展进程，连同它的特定年龄阶段的成型的顺序，并不是始终与它们的理论—理想的发展进程相一致的。经验的发展路程（Entwicklungsgang）指明了一个理论—理想的发展路程，在其中无论是发展阶段的顺序，还是发展阶段的显露，都是与根本性格相符合的。性格学首先也要研究这个理论-理想的发展路程，无论某个经验的人是否曾走过这个发展路程。

这样我们便纵观了性格学的整个对象领域。处在中心的是人的普遍的根本性格及其特殊种类。如果我们现在简短地思考一下性格学在这个对象领域面前所要完成的任务，那么它为了解决这个任务而要运用的操作方法（Verfahren）就很容易形成了。

306

二、性格学的任务

　　性格学是一门理论的-系统的科学。这意味着，它作为理论科学虽然是认识，但并不想获得任何价值认识。人的性格当然也具有一个价值，而且是非常不同的价值。这些性格也在其价值方面不断地既受到它们的承载者本身的观察和评判，也受到其他人的观察和评判。而且尽管不同的人对于同一个性格的价值意见各有差异，尽管在某些性格的价值方面大都会有意见争执，每个价值评判者还是会坚持这一点：不仅是对性格本身的认识，而且也包括对它们的价值的认识都有可能是正确的和错误的。除此之外，性格随价值观察的视点的不同而具有各种不同的价值和无价值：它们可以是舒适的或不舒适的，"友善的"或"根本不友善的"，审美方面的美的或丑的，伦理方面的好的或坏的，以及实践方面的有利的或有害的。因此，人们有可能、有理由并且也有要求在正确认识不同性格种类的价值和价值种类方面付诸努力，并且最终在性格方面谋求建立一门系统的价值科学，即一门性格的价值学（Axiologie）。但很明显，这样一门性格价值学在本质上不同于理论性格学。如果人们想将它附加给性格学一般，那么人们还必须将使它严格地分离于性格学的理论部分，而且要防止任何混淆两者的做法。但人们通常理解的性格学并不想要一门关于人的性格的价值学的性格学，而是想成为一门关于人的性格的纯粹理论的性格学。

人的性格现在不仅是价值对象，而且它们也是各种要求的目标
对象。每个人都看到自己周围的他人，他们对他的性格的状况提出
特定的要求，他们要求他具有某些性格特征，而且相反还要努力不
具有并压制某些其他的性格特征。他自己并不会将其他人的所有
这些要求都视作合理的；甚至其中有很多要求在他看来还是完全不　307
合理的。撇开其他人向他提出的要求不论，他自己也会自发地意识
到某些尽责的要求，它们自身向他要求：他的性格应当具有某些状
况，不应当具有另一些状况，而且他应当努力满足这些要求。这些
要求同样可能是正确的或错误的；而人在涉及它们时可能会弄错并
且会去追求对他性格的有效尽责要求的正确认识。因此，对于人的
性格一般以及对于性格的个别种类而言，一种对正确的尽责要求的
普遍认识是可能的。一门性格的法则学（Nomologie）所具有的任务
就在于，系统地获得这些与人的性格相关的法则学认识。理论的-
系统的性格学应当有别于这样一门性格法则学；两者不应当被相互
混淆和混合。

理论的-系统的性格学所具有的任务因而就在于，不是去获取
价值认识，不是去获取应然认识，而仅仅是去获取与前面所纵观到
的对象领域相关的存在认识。同时，它是一门系统的科学而非一门
历史的科学，因为它的真正目标不是对在历史现实中出现的个别个
体的性格的理论认识，而是对人的性格及其种类的一种普遍认识。
由于它追求这样的认识，它就不想和不应仅仅提出主张，而是仅仅
提供这样的主张，它们的真理对于那些在这方面有能力和有意愿的
人来说，要么就是完全显而易见的，要么就是通过它自己而成为显

而易见的。

尽管性格学常常将它的任务局限于从理论上认识性格的种类，尤其是经验性格的种类，以上所说还清楚地表明，它具有一个要广泛得多的任务。它首先需要从经验性格出发认识地递进到深处，直至达到根本性格；另一方面它需要从性格的种类中上升到高处，直至达到人的性格一般，并且在这里的普遍之物的高处既认识经验性格，也认识根本性格。

总结起来说，对性格学的任务可以做如下规定：它需要系统地-理论地研究人的性格的本质、构造、个别特征、种类与变异、发展，以及人的性格与它的分化、它的证实、它的表达和它在外部功能产品中的印记之间的关系。

还要在对性格学任务的进一步规定方面做一个补充：它始终需要追求一种理解的认识。人的性格一般与性格的纯粹种类是有意义的、可理解的构成物。性格在它的性格特征中的分化、它在发展路程中的养成、它在心灵生活中的证实、它的外部表达和印记也是有意义的和可理解的。所有这些因而都为一门性格学提供了材料，它不仅想要确认在此存在的东西，而且同时想要认识它的意义并且也理解这个实际的东西。

现在，从这个对性格学的对象领域的纵观中，以及从对性格学任务的思考中，便形成了它为了解决任务而在其种种对象面前所要运用的操作方法。

三、性格学的方法

不言自明，性格学的方法在总体上是与所有与某种实在之物相关的系统-理论科学的方法相同的。在这些科学中，它的方法又尤其与那些关于心灵生物的科学方法的亲缘关系更为紧密。但恰恰因为后一类科学的方法还不是完全清晰的，故而这里又有必要指出某些本质要点，性格学的进步主要取决于对它们的关注。

不需要进一步阐释，性格学与任何经验科学一样必须从对它自己的经验材料的观察和把握开始，即从对个别个体的人的性格开始，而且也必须一再地回溯到它们之上，以便在它们上面检验它所假定的认识之真理。但恰恰是通向这些经验材料、通向对个别性格的观察和把握的道路在这里并非是完全简单的道路。

当然，首先需要明白，性格学的道路并非对任何人来说都是完全可行的，而且即使对于那些在其他理论的-系统的经验科学中能够独立地达到目标的人来说也并非是完全可行的。因为需要有一种特殊的才华才能够看得到性格这种独一无二的对象，而且主要是能够清澈而生动地亲眼看见性格的所有杂多的种类。除此之外，这种才华必须得到培养教育和文化熏陶，而后它也必须在个别案例中得到真实的运用。没有这些，人们就无法获得通向丰富而有趣的人的性格领域的通道。为单纯的思想建构贴上标签或最全面地收集特定人格的心灵生活的所有特有性，这些做法都是无济于事的。

　　除此之外，作为性格学家，人们还必须尽可能地摆脱所有自然的偏见，以便能够纯化和开启对各种不同性格种类之核心特质的目光。首先必须能够从自己的性格种类的偏见中脱出而上升为一个尽可能纯粹的认识主体。对此也需要才华和文化。人们自己为此也并不需要是或不需要成为无性格的。固然，某些性格的特质就在于，十分深入而固定地沉积于自身之中，它们永远不会有能力无成见地直观到所有真正的性格种类。因而，认识者是否会找到通向对人的性格之认识的途径，这肯定已经取决于特殊的才华与培育，甚至取决于这个认识者的性格。错误的精神民主与自然粗野的自负恰恰只能为性格学带来灾难。

　　然而，即使是最有才华、最有教养和最无偏见的眼光也不会直接而立即地获取一个人的性格。为了达及一个人的个别性格特征，这个眼光也需要某些支撑点或引导物。而这些支撑点或引导物通常也是被某些遮蔽物覆盖着的，这个眼光必须先要穿透它们，以便首先切中被遮蔽的东西，而后以此为支撑和引导再去达及性格特征本身。只有验证地再次返回，并从不同的支撑点和引导物出发，重又以汇聚的方式下潜到深处，在这个汇聚点上专心致志于本质的把握，并且最终重新验证地确定，这个假设被把握的性格特征此外是否也在心灵生活的证实中、在外部的表达中和在外部功能产品的印记上得到了确认，此时这种眼光才能够确信自己正确地把握到了那些性格特征。简言之，为了正确地认识个别的性格特征就已经需要由有才华的、有教养的和完全无偏见的人来实施一个错综复杂的认识过程了。这里无法再进一步地阐释，这个过程并不在于而且也根本不可能在于一种从外部的标记向一个本身不可认识的被标记之物的单纯概念的-思想的回溯推断。

即使某个个别人的一系列性格特征得到了正确的认识，他的性格本身还不会随之就得到了把握。下一步显然在于，在思想上将不同的性格特征聚集在一起，以至于人们可以同时思考它们。然而由于性格，如我们所见，并不是性格特征的单纯集合体，因而性格本身还不会随着对性格特征的单纯思想上的聚集而被认识。认识必须继续前行去把握实事秩序，各种不同的性格特征彼此就处在这个秩序中，即恰恰在这个人这里构成的个体系统的支配秩序、隶属秩序和并列秩序。但是，如果被把握的应当是性格本身，那么为此还必须迈出最后的和最重要的一步：在这些性格特征的特殊自然的引导下，认识活动必须穿透这个系统到达它的顶端，直至达到统一的、有意义的某物（Etwas），在它之中，所有性格特征都以回返的方式直接或间接地汇聚起来，而且从它出发，它们以前行的方式在实事上分化为它的多样性。

除此之外，在另一个方向上，不同的经验性格特征要在不同的层次上得到正确的排序。非真正的和被硬凑的性格特征必须被真正的和根深蒂固的所取代，过渡的性格特征必须被相对持续的所取代，并且在总体上被安放到正确的位置上。

现在，如果至此一切都进展顺利，那么被认识的还始终只是某个个别人的经验性格。而后，如果性格学的认识确实想要达到它的目的，那么它还必须在两条道路上继续前行。一方面它必须从这个人的经验性格推进到他的根本性格；另一方面它必须从个体性格上升到人的性格的诸多种类和属上。由于第一条道路在我看来要么根本还没有被关注过，要么还没有正确地被认识到，因而这里还需要对它做更为详细的考察。这条道路就是理论的理想化的过程。

理论的理想化

a）对不完善之物的认识。相对于一个个体的经验性格而言，他的根本性格在此意义上是一个理想，即在它这里，经验性格的所有不完善性，即所有的滞后、萎缩、干枯、僵硬、残缺、滋长，所有的弱点、所有的异常和病态，都被忽略不计了。因而很容易会有这样的想法，即认为，从经验性格导向根本性格的道路是从对个别、已被认识的经验性格的性格特征的价值评判开始的，而后它继续导向对那些被认识为经验性格的没有价值的性格特征的分离，最后它终结于对经验性格的其他留存的有价值的性格特征的总结。但这个想法至少包含了两个严重错误。第一个错误在于以为在这里只要通过一种价值评判便可以达到对被观察的经验性格的不完善性的认识。第二个错误在于以为面对性格特征进行的单纯分离与切割的抽象，就可以将人们从经验性格引向根本性格。

为了明见到第一个错误，人们必须首先摆脱一个位于语词中的诱惑，人们用这些语词来标示经验性格的各种"不完善性"；因为它们都具有一种价值色彩。但它们的真正意义并不在于意指某些价值谓项。这里涉及切割的经验性格特征并不因为它们是无价值的，所以就是不完善的，而是恰恰因为且仅因为它们在这个个体那里所表明的是不完善性，所以才是无价值的。相关的经验性格特征自身可以是有正价值的，而且尽管如此仍然在这个特定的人那里表明性格的高度不完善性。例如，某些滞后（Zurückgebliebenheit），例如儿童般的温顺和胆怯，自身是非常有价值的，它们对于其他人来说可以是非常令人愉快的、有吸引力的、可爱的、美丽的和有用的，而且在孩童的年纪也根本不表示性格的不完善性。如果相反，或许是受了不理性的母亲的照管，它们在超出孩童年龄后还存在，那么尽管它们自身仍然还保持其价值，而且因此还始终在那些母亲那里带来快乐，但即使如此也构成成年人性格中的一个重大的不完善性，因为且仅因为它们与他的年龄阶段不再是相适合的。

　　同样，在一个男人那里，某个与他的外部显现相关的标签意味着一种不完善性，尽管这个标签自身并不是完全无价值的；它只是与男人的本质不相适合。因而某些滋长（Auswucherung）自身是非常有价值的，但在某个人那里却构成了一种不完善性。如果智识在一个人那里占上风，而且主宰了他的所有其他本质，那么这个人就是一个怪物，就好比一只手，如果手上的一个手指比其他手指大一倍，那么这只手就是畸形的，即使这个主宰的手指本身应当是非常漂亮的和有用的。如果在一个性格中，审美的方面覆盖和主宰了其他方面，那么这个性格就是不完善的，即使它是如此有价值的艺术成就的制作者。对外部财富的欲求本身不是坏事情；但它在特定的人那里有可能表现出一种强度，这种强度虽然尚未是不人性的，但它恰恰在他那里代表了一种滋长，即一种不完善性。同样，在隶属秩序中以爱的方式献身于他人的欲求固然有着很高的正价值；但尽管如此，这种欲求可以在特定的人的性格那里意味着重大的不完善性，因为且仅因为它在其强度上和无选择性上与这个人的基本本质是不相适合的，即在他这里构成了一种滋长。人们必须避免自己因为错误的伦理学理论的阻碍而无法获得这种明见；无偏见的人通常会在这些情况中不自觉地做出正确的选择。

最后，权力欲求自身也不是坏事情；但一种具有特定强度和特定方向的权力欲求在一个人那里的确属于他的根本性格，而在另一个人那里则可能虽然是占主导的，而且完全可能对他的经验性格加以总体的着色，但却仍然可能与他的根本性格不相符合，从而在他那里可能是一种滋长。即使人们始终还可以欣赏这种欲求，尽管人们还可以高度评价从他那里产生出的行动和成就，——就像人们此外也可以欣赏在生物上的滋长并可以因为其结果而给予高度评价一样，——但它还是不会因此而在这个性格中失去一个不完善地位的特殊性，如果人们想要认识这个人的根本性格，这个地位就必须被排除或被还原。

因此，并非一切不完善的东西自身也都是无价值的。但是，一个经验性格的不完善性当然同时也可以自身是无价值的，例如就像在其他生物面前的一种强烈的阴沉以及敌意的对置。但如果它们并不被算作根本性格，那么这并不是因为它们是无价值的，而是因为在相关的人身上是一种违背本质的不完善性。因而人们可以放弃任何价值评判，并且尽管如此也可以轻易地在人的经验性格上将许多真实在此的东西认识为不完善性。而且如果人们想要认识，就必须进行这种独一无二的、价值无涉的理论认识。这种认识也在其他科学中出现，而且它甚至在日常生活中也被大多数人毫不迟疑和确定可靠地运用在各种各样的对象上。

例如，一个画出来的圆圈会在一定的界限内立即地和不带任何价值评判地被认识为一个不完善的圆圈，而且不完善的特殊位置会立刻显露出来。出现在植物园和动物园中的，也包括在日常生活中出现在人们眼前的植物与动物的个别样本，大都会为了理解它们而立即被划分，以至于在它们之中的未发育、滞后、萎缩、干枯、僵硬、残缺、滋长、增衍以及如此等等，都会以特有的方式显露出来。尽管它们与其他部分一样是实在在此的和属于经验构成物的，它们仍然不会被算作它们的基本本质。尽管它们自身此时可以显现为有正价值或负价值的，美的或丑的，有用的或有害的，但这种价值评判只是附带进行的，而且并非现在才对它们的显露位置做出规定，毋宁说，这个价值评判并未让这些位置发生变动。

以类似的方式，在对人的身体形态的理解中，不完善性大都会立即分离出来，并且以独立于那种价值评判的方式而不附加给这个身体形态的根本特征（Grundcharakter）。例如，尽管在一个成年人身上长了儿童的手臂，自为地看，它们可以是美的和吸引人的，而且无论人们是否注意到它们的这个本己价值，它们都是并始终是未发育的，它们不属于这个身体的基本品质。

只需进行更为深入的观察就可以在人的心灵特征上不带价值评判地发现并突出类似的不完善性。一门研究生物认识的认识论当然必须实施这种特有的认识程序，并对它进行最为仔细的和完全无偏见的研究，它是每个正常人在其一生中都做了千万遍的认识操作方式。如果认识论至此为止尚未完成这个任务，那么因此而去要求科学认识还在这种认识操作方式从认识论上做出揭示和证实之前便放弃它，这就显而易见是错误的和不合理的。这是一种被生物科学的科学实践视作已被证明的合法程序。

此外，从以上所述至少可以看出，对于一门想要认识人的根本性格的性格学来说，如果人们简单地在经验性格中寻找特别强烈地突显的和主导的性格特征——即有可能是滋长和增衍一类的东西——，并且用它们来定义根本性格，那么这就是一种错误的和误导的操作方式了。人们当然可以在独特的增衍以及不完善性上将这些经验的人辨认为这些个体，就像人们在一个滋长的大鼻子上可312 以辨认出某个人，因为它强烈地显露出来并且主宰了整个面孔。但性格学的任务并不在于处理这些可以让人辨认出某个人的标志。

b）理想化的建构。如果我们假定，在某个人的经验性格上，所有不完善性都得到了突显，那么这个应当从经验性格导向根本性格的理论理想化的过程也并未随之而就结束。在我们的目光前面处于前台的始终还是经验性格连同其不完善性，它们现在只是自身从其他组成中突显了出来。在那个突显了不完善性的第一步上还需要加上第二步。而且关于这个第二步，如前所述，如果人们将它当作一种单纯分离的和切割的抽象化行为，即如果人们以为可以将通过第一步而被认识的不完善性简单地搁在一边，并将理解的手法仅仅限制在而后留存下来的经验性格的剩余组成上，以此便可以从经验性格走向根本性格，那么人们就会陷入一个新的错误中。因为，人们如此把握到的东西将会是一个千疮百孔的构成物，即无非是充满裂缝的经验性格的剩余物，但不是根本性格。

如果我们在进行数学观察时从一个不完善的圆的绘图过渡到一个相同半径的完善的圆上，那么我们就已经不会这样来操作，即我们在突显这个圆的不完善性之后会将它们在思想上从其他部分中排除出去——这样只会产生一个带有许多空缺的圆——，而是我们会如此操作，即我们用那些甚至都还没有被给予我们的、相应的完善之物来取代那些已被我们排除掉的不完善性并填满空缺。——
同样，在一个处在我们面前的植物样本上，我们不能仅仅将那些
明显萎缩、干枯、畸形和残缺的部分去除并将自己限制在剩余部
分上，而是必须在思想中用那些并未在此植物上自身被给予我们
的、相应的不萎缩、不干枯、分别长成和不残缺的部分来取代那些
被去除的东西。当然，其余部分的植物必须为此而向我们提供支
撑点，——它有可能是如此萎缩、干枯、畸形和残缺，以至于从它
之中已经无法再辨认出它的根本性格——，但在将不完善的东西从
这个植物上切割出去之后，留存下来的残余本身已经不再是一个
完整的植物。——理论理想化的这个第二步：用完善之物来取代不
完善之物，同样是既在日常生活中，也在植物学、动物学和人类学
中，都被不假思索地和确信无疑地实施过。它同样在没有任何价值
评判干预的情况下发生；它不是一个美化的过程，而是一个纯粹理
论的行为。但它不是一个单纯抽象的行为，而是一个理论的、创造
性建构的行为，因为在这个构成物中，相关的完善之物被构建进来
（hineinkonstruieren），取代了不完善性。但这种被构建进来的完善
之物并不是随意的附加，而且它不是根据一个从在这里的构成物之
外取来的标准来建构的，而是建构的基础会在构成物本身之中被找
到，在它之中有一个实事的要求恰恰在瞄向它的这个完善性。理想
化的理论建构行为听命于这个构成物本身的一个被把握到的要求。
但这个行为必须远离任何夸张，并因此有别于漫画。

　　但现在需要指出一个重要之点。那些被构建进来的东西首先 313
只是被思想出来的（gedacht），也有可能是被想象出来的（vor-
gestellt），而且在思想上被放置在别的东西，即那个不完善之物现

存的地方。不言而喻，在任何意义上主张面前的构成物在根本上就是如此被想出来东西，都是不合理的。因为事实上它不是如此状态，而且在任何地方都无法在不完善之物的后面或下面以经验的方式发现完善之物。即使这里所涉及的是非实在的或无生命的实在对象，理想化的理论建构的产物也不会在任何意义上被声称为是实在现存的，而是始终作为单纯的思想产物漂浮在不完善性之上。例如，即使一个画得不完善的圆被想成一个完善的圆，人们也不会声称，它在根本上是完善的。即使一个不完善的僵硬躯体被想成是完善的僵硬躯体，人们也不会声称，它在根本上是完善僵硬的。在实在生物这里的情况与此相反。虽然在一个个别的、实在的、活的植物那里，理想化的理论建构的结果也不会被设定为是经验实在的；人们不会声称，这个植物现在不具有任何不完善性，或者它同时用这些不完善性也从经验上指明了那些以观念的方式（idealiter）被建构的完善性。不过在它之中还是会有某种东西被声称为是实在现存的；这里的关键仅仅在于，它会在那些完善的形态中经验地展示出来，而且它会自发地致力于对这个完善的经验形态的获取。

　　人们看到，植物中的完善形态是以实在的方式（realiter）"被设计的"（angelegt）或"被预构的"（vorgebildet），仅仅不是以实际的方式完全被培养出来的（ausgebildet）；这个经验上不完善的形态是一个在被预构的完善形态与某些其他因子之间的妥协，前者始终向着它自己的完全养成逼近，后者则根本不利于这种完全的养成，而且会使它偏离自己的目标。这个某物是植物的基本本质，它被想成是实在地在植物中现存的，它自身包含着被预构的完善形态，并且带着某种力量向这个被预构之物的完全养成逼近。这是被完善地构形的植物的存在基础，它"虚拟地"（virtuell）包含在植物之内，但在经验上只是不完善地被养成。

c）对根本性格的把握。这个在理论的理想化建构中被构想的完善之物取代了被排除的不完善之物，因而人们并不认为这个完善之物是已经在经验实在中被实现的，而是声称，这个完善之物属于这里现存的基本本质的分化，是以虚拟的方式与这个实在的基本本质同时现存的。就像在植物这里也进行着对基本形态的认识一样，在动物那里也以类似的方式借助于一种理论的理想化建构来进行。而且从经验性格到根本性格的认识过渡最终也是同类的进程。我们此前已经看到，根本性格是一个在某些性格特征中分化自己的统一的实事的某物。在经验性格中并没有准确和完整地达到恰当的分化。但经验性格在它的完善的和不完善的特征中包含了多个对统一的根本性格的实事指明。认识需要把握到这些指明，并在其汇聚中向深处追踪，直至它切中这个统一的有意义的某物，它的不完善的分化就是经验性格的各个特征。

但是，最后在此提到的对根本性格的把握的这一步，必须从一开始就以尝试和猜测的方式进行。在对生物的认识上，通过对这个生物的总体观看，以及通过对那些在日后作为其不完善性而突显出来的东西，必定也已经形成了对它的基本本质的一种临时把握，而它的一同被把握到的统一的合法则性而后才会回过来将那些从它那里掉落的这个生物的经验规定性作为它的不完善性突显出来。凡是在经验生物的某些状态似乎立即作为不完善性显现给我们的地方，它们的基本本质就已经作为决定性的底座（Unterlage）而（正确地或错误地）被把握到。相反，如果人们严格地限制在那些经验现实地摆在面前的生物上，那么在它的完善和不完善的状态之间进行理论区分的任何可能性和任何权利都不复存在了，但是，如我们将会看到的那样，随之不复存在的也包括一门关于这些生物的理论-系统科学的可能性。

首先还需要注意，前面提到的理论的理想化的第二步，即用完善之物取代不完善之物，只有在统一的基本本质——完善之物就是作为它的恰当分化而形成的——至少已经临时被把握到了的情况下才是可能的。因而对经验生物之基本本质的把握起初是预感的（ahnend），而后是通过翻来覆去的检验而有可能自身修正的，无论如何都是澄清的和确证的，这种把握是我们在认识所有生物时所进行的和必须进行的这种理论理想化认识过程的最终基础。

在未加注意的情况下，人们在日常生活和科学中面对植物、动物和人的身体时大都会轻易而稳当地进行这个认识过程，因为他们在这里可以轻易地排除那些有可能在此妨碍他们并将他们束缚在经验样本上的实践兴趣。但面对人的人格及他们的性格时，那些仅仅朝向经验性格的实践兴趣通常会如此强烈和有效，以至于它们会始终附着在经验性格上，并且完全放弃向它们的根本性格的挺进。而后，尽管经验的性格特征会分为完善的和不完善的，但却是根据完全不同的观点，这些观点最终现实地建基于价值评判上。因而性格学家必须无条件实现的第一个和最重要的条件就是，他在对人的根本性格的认识中，不可以受任何一种同情和反感、任何一种拥护和任何一种个人的和文化的兴趣的干扰。他不需要因此而在面对人的性格时禁止任何一种同情和反感，禁止任何一种拥护和任何一种个人的和文化的兴趣，但他不可以使它们成为他对人的性格之认识的标准。

如果人们考虑到，这些通过理论理想化的认识才被提升出来的经验性格的不完善性本身所具有的存在基础并不在从属的根本性格之中，它们并不是由这个更深的实在的根源基地维持在此在之中的，那么人们就会理解，对于那些主要关注人的根本性格的人来说，那些最初看起来具有最可靠实在性的经验性格的不完善性恰恰反而仿佛具有一个较低的实在性程度，而且它们对他们而言并不是在真正的、最终的意义上实存的，而是仅仅构成短暂倏忽的现象。与此相反，那种在现世生活兴趣中的强烈束缚性，以及那种相信只有通过满足这种现世兴趣才能确保自己的隐秘内心不确定性，会造就出一种隐蔽的认识胆怯（Timidität），它会痉挛般地反抗对基本本质 315和根本性格的认识，因为它以为因此而会失去现世实存的坚实基地，这是十九世纪下半叶作为遗产留给我们的一种认识胆怯。

以上关于理论理想化的认识过程的阐释并不要求给出对此过程的一种创造性描述或一种认识论辩护。它们也不想为那些不能有意识地实施这个过程的人提供一种指南，使他们了解现在应当如何行事才能从对经验性格的认识前行至对根本性格的认识。相反，它们只想使这个过程更加清晰地被提升到意识之中，并且使人感受到这样的必然性，即如果性格学想要做出比它至此为止所做的更大的进步，那么就必须在这门科学中实施这个过程。

总 体 化

即使认识现在面对个别的经验的人，通过性格的印记、表达和证实而挺进到了它的经验的性格特征上，并从它们出发而挺进到了经验性格本身上，而且即使认识在这个性格上突显了不完善的、虚弱的、夸张的东西，并且在这个人身上突显了异常的和病态的东西，即使认识同时用临时的、非真正的和硬凑的东西正确地替代了外围的东西，即使认识而后达到了把握根本性格以及在理论理想化中对它们的思想分化的深处，那么认识也还只是到达了个体的根本性格，而且尚未完成任何形式的普遍化。因为，这里需要再次强调，根本性格并不是相对于经验性格的普遍之物。但性格学必须在总体化的认识中努力上升到人的性格的种类和属上。现在应当研究和阐述这个总体化认识一般的操作方法。只需要明确地指出，这种操作方法相对于生物以及因此也相对于人的性格必然以那种前面考察过的理论理想化的认识为前提。因而人们在性格学中无法省略这后一个艰难的认识步骤；人们无法绕过它，并且以为还在面对个体经验性格时，还在尚未把握根本性格的情况下就可以进行总体化。当然，人们常常会这样做；但结果是，人们根本无法达到人的性格的真正的属。人们固然能够以多种方式设想经验性格的各种普遍图像并且指明，这些性格的确是经验地出现的。但用这个指明从来就没有证明过：被设想的图像也表明性格的真正种类。恰恰在性格学中，人们常常会错误地相信，一个被设想的、普遍的性格图像是否真的表明一个真正的种类，这个问题可以据此而得到决断，即人们确定，在经验中是否有与这个图像相符合的个体。如果人们证明了这些个体，那么人们就相信已经证明，人在这个形象中发现了一个真正的种类。相反，如果人们确定，在经验上没有与那个形象相符合的个体，那么人们就认为，性格图像对表象一个真正的种类的要求已经最终遭到了反驳。但在这两种情况中人们都得出了错误的结论。为了能够清晰地看到这一点，人们需要再次考察来自对身体生物之认识的例子。

经验生活中肯定存在许多人，他们的身体特别丰满，他们是"胖的"，并同时表现出与"胖性"（Dicke）联结在一起的其他特有性（Eigentümlichkeit）。但这个经验上的胖的人并不构成一个真正的种类；在他们之中也有一些人，他们只是饱满了一些，但胖并不包含在他们身体的基本本质中。人们可以将那些不是实际上的"胖子"，而是按其基本本质而言的胖子总括为一个真正的种类。

同样，实际上的"瘦的"人也不构成一个真正的种类，因为在他们之中也有"消瘦的"，即这样一些人，在他们身体的基本本质中包含着比他们实际拥有的更大的丰满性的人。由于与"瘦性"（Magerheit）联结在一起的还有一系列其他的规定性，因而经验上瘦的人虽然刻画了一批共属的规定性，但它们并不因此而刻画了人的身体的一个真正种类。当且仅当存在着身体的基本本质，它们按其本质是"胖的"或"瘦的"，人们才可以区分人的身体的瘦的种类与胖的种类。因而不是这些人的经验的出现，而是"胖"和"瘦"与他们的身体的基本本质的关系，才决定了是否有一个真正的种类摆在面前。

人们可能会以为，在前引例子中只有一个标志，胖或瘦，它被误认为是规定种类的标志；但人们必须找到一批对于许多个体身体来说都是共同的标志，而后在它们之中发现一个真正的种类。但这个观点也是一个错误。例如，如果人们通过对许多身体的比较和对它们而言的共同之物的析出而设想出一个人的身体的普遍图像，在这个身体上有一个过于大的脑袋，而且表明是一个秃顶，脖子很短，四肢也很短，双手是铲形的，体毛浓密，如此等等，那么人们当然可以指出，在经验中这样的人事实上有很多。但以此还是根本没有证明，这个图像展示了人的身体的一个真正种类。因为这完全可以是对个别特征的简单收集，这些特征有些是异常的，有些是正常的，只是常常一起出现，但它们永远不构成一个真正的种类。同样也有许多植物和动物，它们共同拥有一整个系列的不完善性。但这个共同的不完善性的总体永远不会构成一个真正的正常植物种类或动物种类，也不会始终构成一个真正的异常种类。

人的性格的情况也与此类似。肯定有许多人在他们的经验生活中主要表现出一种"向外的倾向"，因而在经验上是"外向的"。但因此还并没有说，"外向人"（Extrovertierte）构成人的性格的一个真正的种类。问题毋宁在于，在经验的人中是否有这样一些人，他们的根本性格就在于，主要是朝向外部的。因为也可能有这样的人，他们的根本性格根本不是如此，但在他们的经验生活中仍然是主要朝向外部的，倘若他们由于他们的外部生活状况而被过多地外向化了的话。另一方面在经验上也可能有向内返回的人，即"内向人"（Introvertierte），他们由于外部的命运而与其根本性格相反地被驱赶向内部，因而过多地被内向化了。

或者再举另外一个例子：肯定有许多个体的经验性格，它们在这一点上都是一致的，即它们是怨恨（Ressentiment）性格，即这种性格竭力对所有那些它们相信将自己排除在外的财富（Güter）或对所有在价值上被以为是胜过它们的生物都加以贬损和毁坏。怨恨性格因而是人的经验性格的一个种类。尽管如此，它并不是真正的

性格种类，而是一种方式，即根本性格的特定种类在特定的外部生 317
活状况中与其基本本质不相称地在经验上自身养成的方式。没有
一个人的根本性格是一种怨恨性格。根本性格的某些种类当然倾
向于在某些外部生活状况中成为怨恨性格，但它们本身并不是这样
的性格。

同样，在经验上肯定有许多个体，他们是精神分裂的性格，即
他们时而不恰当地过敏，而后又不恰当地冷静，同时忽而不相即地
变化无常，而后又不相即地坚韧固执，而且除此之外在其行为举止
中还是刺激-不相即的。因而有精神分裂性格的经验种类。但它不
是人的性格的真正种类，而只是一种方式，即某些根本性格不恰当
地在经验上自身养成的方式。因而始终要问的是，经验性格的共同
性是否植根在根本性格中；而为了确定这一点，人们显然必须首先
从经验性格过渡到根本性格。根本性格的种类始终是经验性格之
种类的存在基础。在根本性格本身固有的合法则性上会加入一个
（或多个）第二性的、陌生的合法则性，而后者会导致根本性格的养
成在经验上变得或多或少与根本性格不相称。

现在要反过来说：可以有这样一些真正的种类，在经验上没有
一个样本与它们完全相符。例如，在现实的植物和动物中，或者是
完全没有，或者至少是在某些时间里没有一个样本是完全就像植物
和动物的形态学对它们的种类所做的展示那样。但没有人会将此
视作一个对被提出的种类的严肃诘难。经验样本在种类状态方面
的偏差被追溯到特殊的因子上，它们阻止了种类在这些情况中的准
确而完整的养成。

同样，原则上可以有这样一些真正的性格种类，在经验上没有

任何一个性格与它们完全相符。特定的宗教性格种类，例如，这样一个人，他在与上帝的爱的结合中，在其生命的所有方向上都谦卑和低下顺从，真挚而完全献身，持久地处在宁静和快乐的和谐中，完全出自上帝地生活、工作和创造，这样的人也许在经验现世的世界上根本就没有，或至少在某些时间里没有，但因此并不会有对这样一种性格种类之实存的现实诘难。经验人的不完善性可能会受特殊的现世生活状况的条件制约，这些状况使得他们的宗教根本性格无法被完全地养成。当然，在一些情况中，"这样的人是没有的"的说明实际上并不应当指明，这样的人在经验上不会出现，而是更多意味着，这个被设想的性格种类自身是不可能的，或与人的基本本质是不一致的。如果这个说明指的是这个意义，而且在已有的情况中是合理的，那么它的确构成了对相关性格种类的关键诘难。但这时，相应的经验性格的出现也就不再作为决定准则被使用了。

　　类似于植物和动物的形态学的情况，根据它的任务，它当然要立即从经验个别的植物与动物转向它们的基本本质，并试图确定它们的种类，因为它会将认识哪些正常的或异常的种类会经验地出现的工作留给那些为实际植物培育与动物养殖服务的研究去做，与此相似，性格学也要立即从个体的经验性格转向它们的根本性格，而后穿过它们而上升到对它们的种类的认识。它必须首先"在半路上迎向自然"（der Natur auf halbem Wege entgegenkommen）。从经验生物向它们的基本本质的过渡，绝不是一个在关于生物的经验科学中可以毫无后患地予以放弃的哲学的奢侈操作方法，而更多是人们若想达到对生物的真正种类的认识就必须要迈出的一个步骤。因而在性格学的认识操作方法中，通过理论理想化来认识根本性格，乃是用来认识人的性格的真正种类的一个本质步骤。

性格学如果想要确定一般人的普遍性格就必须进行的总体化的下一步和最后一步，同样包含了理论理想化的认识。当然，人们可以限制在对经验人的性格的普遍状况的认识上，一如它们现在实际所是和至此为止曾是。但人的根本性格却还没有因此而得到认识。人的性格"在根本上"不可能不同于他经验上曾是和现在仍是。因为，即使正确地被认识的经验性格对于所有至此为止出现的人而言都是共同的，它也不会因此而被证明为是一种真正的属：至此为止曾有过的同类的现世状况有可能受到这个共同的经验性格特征的制约，并有可能导致了现实的根本性格的某些特征至今还没有或尚未完善地被养成。因此，如果性格学想要认识人的根本性格的真正的属，它就必须在这里找到从普遍经验的根本性格到人的心灵的普遍根本性格的道路。

生物不会展露它们在所有条件下完全养成的基本本质。因此，如果一个研究者简单地根据他碰巧知道的那些经验的个别养成，并以确定"它们的共同之处"的方式来规定某些生物的基本本质，那么这是非常有局限性的。为了弄清这一点，现在人们只需要假设，他了解的所有生物碰巧都是在同样不利的养成条件和有害的影响下产生的，而在其他地方和其他时间里却清楚地表明了所有这类生物可能从中产生的更为有利的条件。现在的问题是，是否可能从经验的、不完善的养成中首先是预感地，而后是越来越清楚和可靠地认识到，哪些可能性还息居于这些生物的基本本质之中。可以在某种程度上对这个问题予以肯定的回答，即使是在特别涉及人的性格的地方。倘若对它的回答完全是否定的，那么研究者就必须放弃对基本本质和根本性格进行认识的任何要求，而且他不可以将经验本质和性格冒充为它们所不是的东西。

根本性格是出于自身便可理解的构成物；当然只是对这样一个人而言是可理解的，他在面对这些不同于他自己的根本性格的根本性格时，可以完全从他自己性格的任何束缚性中摆脱出来。相反，经验性格并不是仅仅出于自身便可理解的；谁局限于经验性格，谁就必须因此而放弃对它们的理解，因为它们仅仅在一种可理解的根本性格的基础上才是可理解的；否则它们就只是诸多堆积在一起的个别性格特征的不可理解的聚合体。

关于根本性格的"意义"，这里在对它做出更确切的认识之前无法说出任何实证的东西。我在这里只想强调，这个"意义"并不必然与成就有关，例如文化类的成就，甚至不与客观的价值一般有关。没有这类关系的根本性格也不能具有一个"意义"。一个有意319 义的根本性格固然也有一个特定的价值，但它的意义既不在于一个价值，也并不以此为依据：它有价值，因为它是有意义的；它并不因为它有价值才是有意义的。性格学因而也必须在这里，在把握一个根本性格的"意义"时，中止任何价值评判的干预。特定的根本性格或一个生物刚好是其所是，这可能具有一个合理的意义，它可以在没有价值评判的情况下被把握到。

在性格学的操作方式中只还剩下一个特别的难点，它在这里应当得到只是简短的强调。如前所述，人不仅是一个心灵生物，而且还是一个人格。他当然可以首先仅仅作为一个心灵生物而被观察，并在他的性格方面被研究。一门只是站在这种观察立场上的性格学将人视作单纯的自然生物，并且在其结论中提供一幅关于这个自然生物之性格的属与种类的图像。在这样一门性格学中的确会有许多东西是真实的，但这个整体却只是半个真理，因为人的性格所特有的出色点恰恰完全被忽略了。在人的根本性格中完全本质地包含着：他是一个人格，而这意味着，完全简短地说，在理论的理想化中，他不仅自己意识到他自己，自己认识他自己，自己评价他自己，并且对他自己报以情感的态度，而且首先他也有自己的行为举止，他有意识地塑造他自己的性格并且维护自己，而且他做这些事情时将自己自由地束缚在某些尽责的要求上。他的各个经验性格并不是他的基本本质的完全养成；但他始终已经或多或少地含有了这种自我塑造的影响，并且对他意识到的那些尽责要求持有某种自由行动的——听从的、忽略的、含糊的或拒绝的——态度。这个从自由行动的自我出发的自身塑造和自身维护，以及这种对各种要求的态度，一并属于他的经验性格，并使他从一个单纯的生物变为一个人格。因而性格学应当在一个特定的认识操作方式中将经验性格认识为这种由自然性格和人格性格（Personcharakter）组成的统一。而后还要在从经验性格向根本性格的过渡中，于后者之中既认识自然性格，也认识人格性格。理论理想化的过程因而也要运用于经验的人格性格，即是说，需要对这个问题做出回答：这个经验人想"在根本上"自由行动地是什么样的人格，而且它想"在根本上"如何对待那些被正确认识的、对它有约束力的要求。

这里有两个困难需要克服：第一个是这样一个虚假的矛盾，即：这里应当认识某个取决于人格的自由意志的东西，亦即貌似无法认识的东西。第二个是这样一个看法，即：人格的根本性格在所有人那里都是相同的，因为它不再能表明特殊的和个体的区别，因而所有这些区别都只可能包含在自然的根本性格中，但不包含在人格的根本性格中。但两个困难都是可以克服的。

就第一点而言，一个经验人格想"在根本上"是什么样的人格，这个问题看起来要么只有通过对人格本身的询问才能回答，要么就是根本无法回答的，如果这个人格自己也不知道这一点的话。人格自己想是什么，这似乎取决于它的自由心愿，因而完全不依赖于它的根本性格。但人格的经验意志恰恰应当与它的根本意志（Grundwille）区分开来。人格"在根本上"所意欲的东西，完全不需要与它在经验意欲中曾于某个时间自由行动地所做的计划相一致。经验意志可以或多或少地偏离根本意志。而根本意志可能具有一个目标，人自己在被询问时并不能说明或不能正确地说明这个目标，他更需要的是一种彻底的自身思义（Selbstbesinnung）。他的根本意志的这个目标并不依赖于他的自由心愿。因此，当人们询问，经验人格想"在根本上"是什么样的人格时，人们并不是在询问某种取决于它的自由心愿的东西，以及它自己必然能够说明的东西，而是某种他自己通过自身思义才能够认识的东西，以及局外人不依赖于这个人格的自由心愿便能够认识的东西。

就第二点而言，根本意志，即通过自由的自身约束和自身努力来服从正确地被认识到的尽责要求的根本意志，肯定属于人格的根本性格。但由此并不能得出，人格的根本性格在所有人那里都是完全相同的，而且基本本质的所有差异性都只可能处在自然的根本性格中。因为，第一，这里涉及的尽责要求并不只是那些对所有人都有效的要求，而且也是那些仅仅对性格的特定种类有效的要求。例如，对于一种纤弱的、抒情-戏耍的性格种类有效的尽责要求，对于一种沉重的、硬缎般的（steifbrokatig）、庄严的性格种类来说则是无效的，反之亦然。因而人格的根本性格也就具有与它们的人格的根本意志的不同目标。第二，人格的根本意志用自由行动的听从将自己自由地束缚在尽责要求上，这种自由行动的听从还可以是非常不同的种类，但却在此期间仍然是听从的。一个谦卑服从的、紧密依偎在要求中的、但对自己柔和的听从是一种真正的听从，就像男性的平等的、疏远地接受要求的和对自己强硬的听从同样是真正的听从一样。

因此，人格的根本性格本身在不同的人那里可以随着对它有效的要求种类的不同，以及随着它意欲的自由听从的种类的不同，而展示出十分不同的状态。决定着根本性格差异性的不仅仅是自然性格。一种真正的人的人格可以不仅在一个种类中，而且可以在许多不同的种类中同样好地得到实现。对此进行详尽的证明恰恰属于一门完整的性格学的任务。

最后，如果对根本性格的认识看到它面对的是人的性格的发展，那么它还会遇到特殊的困难。首先人们会倾向于根据发展阶段来界定根本性格，它似乎在这个阶段上达到其养成的顶点；例如，一个男人的根本性格仅仅应当在成熟的男人年龄的阶段上得到性格刻画。此前的年龄阶段，即儿童的、男孩的、少年的和青年的年龄阶段被人们仅仅视作进化阶段；而此后的年龄阶段，即中老年和老年的年龄阶段则被人们仅仅视作退化阶段。人们认为，这两者，前阶段和后阶段，在界定根本性格时是可以忽略不计的，而人们不会将成熟男人的年龄阶段从根本性格中特别地突显出来，而是会使其不被察觉地消融在根本性格中。但是，对人的性格发展所表明的特质的更仔细观察会让人认识到，这个操作方式是错误的。

在人的性格的发展中有两个不同的运动紧密结合在一起。它们中的一个仿佛直向地走向高处，并逐渐地将新获得之物附加给每次的被养成之物；它从未被养成之物引向越来越完满和越来越确切的养成，这个养成似乎是在一个特定的年龄阶段、成熟的阶段被达到的。与这第一个运动同时，而且与它紧贴在一起，第二个运动似乎波浪般地在特定的性格化了的阶段上以特定的顺序持续前行，每次在达到后一个阶段时，前一个阶段都会从这些阶段中消失，以至于在这个运动中没有什么东西被经验地聚合起来。例如，当男人的性格在越来越多地展开时，他同时也一个接一个地接受儿童的、男孩的、少年的、青年人的、成年人的、中老年人的和老年人的性格，并在此过程中每次又脱去以前的性格。一个男人的性格在儿童年龄阶段不仅没有完善地被养成，而且它同时是以儿童性格的形式出现的。这种儿童性格本身可以在儿童年龄阶段上或多或少完善地显露出来。其他年龄阶段的情况也是如此：随着根本性格的持续前行的养成，他依次接受其他的形式，这些形式中的每一个形式本身又可能是或多或少完善地被养成的。这个男人的性格因而在成熟的年龄也不是简单地完全被养成的，而是同时或多或少完善地以这个年龄阶段的性格的形式被实现的。在老年人的年龄阶段上，第一个运动有可能又下降为不完善的养成，但老年人本身的性格却仍然可以或多或少完善地被养成。年龄阶段的性格因而并不单纯是成熟阶段的前阶段和后阶段，而是它们中的每一个，包括成熟阶段的性格，都具有它自己的根本性格，它自己这方面重又可以或多或少完善地被养成。但各个年龄阶段的根本性格的经验养成又会逐渐消失，因为这些养成中的每一个都要为下一个年龄阶段性格的养成挪出位子。因而在根本性格的发展中，各个年龄阶段的性格会逐次地在特定的顺序中短暂地显露出来。所以，在各个年龄阶段本身的性格那里重又可以区分它们的经验性格和它们的根本性格。人的根本性格的理论-理想的发展进路不仅包含一个持续前行的完全养成，而且同时还包含暂时的和在特定秩序中相互接续的各个叠加进来的年龄阶段的不同根本性格的完全养成。

然而各个年龄阶段的根本性格并不是独立的；它们并不处在人的根本性格以外，而是包含在它自身之中，并且在不同的根本性格那里也相应地表现出不同的变异。在每个男人的根本性格中也都包含着一个恰当地是儿童、恰当地是男孩、恰当地是少年等等的特殊方式。在总体的根本性格在一个方向上持续前行地养成自身，并在特定秩序中交替地完全养成从属于它的各个年龄阶段的根本性格的同时，这个总体的根本性格便经历了它的完全养成。它是一个有意义的统一，在它的意义总体中也包含着各个年龄阶段性格及其顺序的意义。在总体的根本性格自身养成的同时，虽然各个年龄阶段的性格所达到的养成重又会在经验上消失，但总体的根本性格还是会通过这些临时的养成而经历一个特有的内部变化，对此变化，人们可以用一个思想因为它的依次发音和口音而经受的变化来加以图示说明。因此，如果一个男人的根本性格在它的种类中曾恰当地是儿童、男孩和少年，那么它会以独特的方式变异，而如果它不曾是这样，那么它就会以其他方式变异。

人的总体根本性格因而自身包含着各种年龄阶段的根本性格。它从自身出发，也向它的完全养成挺进，而且它在其完全养成中达

322 到一系列共属的最终目标。在经验性格的年龄阶段规定性中，总体的根本性格也是经验性格的存在基础。

对一个人的根本性格的认识因而不能简单地撇开各个年龄阶段不论；除此之外，它必须试图在理论的理想化中从各个年龄阶段的经验性格出发，达到它们恰恰对这个人而言的正确的根本性格；而后它必须将这些被把握到的更高年龄阶段的根本性格一并纳入到这个人的根本性格之中，并且最终将这个总体的根本性格理解地认识为一个有意义的统一。

人的根本性格的种类也只有在这种情况下才会真实地被认识，即：在它们之中的那些相属的更高年龄阶段的根本性格以及这个总体同时被理解为一个有意义的统一。只有在人们知道并理解了，这样一个人作为儿童、作为男孩、作为少年、作为青年、作为成年人、作为中老年人和作为老年人是怎样的，人们才会彻头彻尾地认识这个特定男人的性格种类。最后，也只有同时认识和理解了各个发展阶段的普遍根本性格及其在总体性格中的秩序，人们才会达到对这个人的普遍的根本性格的认识。

无论这条认识道路是多么困难和危险，要想达到对人的性格的真实认识，人们就必须走这条道路。

四、关于性格种类问题的论稿

对性格种类的认识虽然不是性格学的唯一任务，但仍然还是其任务之一，而且是人们至今为止为解决它而付出了最多工作的任务。不断地会出现根据一个新的视角来划分性格的尝试。只要人们跟随传统的心理学仅仅承认心灵生活，而非心灵本身，而且只要人们在这个心灵生活中区分三个不同的层次，即智识生活、感受生活和意欲生活，那么人们就很容易根据这三个层次中的这个或那个层次"占优势"（Vorherrschen）的状况来区分性格的三个种类，即智识人、感受人和意欲人。而后人们对这些假定的种类中的每一个都再做进一步的细分，即在心灵生活的三个层次的每个层次之内指明各种方向，并使它们出现在不同的主宰模型（Herrschaftsrelief）中。

以类似的方式，在其他的划分中还会探问例如占优势的欲念，或占优势的资质和能力，或接受、坚持、预备和反应的各种素质的种类和秩序，而后会据此建构出性格的不同种类。又有一些划分会考虑人的心灵生活可能转向的各种文化领域，即考虑经济和技术，考虑社会的-法律的-政治的文化，考虑科学，考虑艺术和宗教，而后建构出性格的不同种类，即它们让心灵生活时而主要是以这个文化领域为指向的，时而主要是以那个文化领域为指向的。至此为止已经积累了许多这样的尝试，而且随着心理学的进步还会有新的尝试出现。每个人都希望，现在终于为性格的可靠划分找到了决定性的视角。在这里人们常常会陷入那个前面提到过的错误，即相信可以通过指明与被给予的性格规定相符合的现实的人来简单地证明被建构的性格种类的"实存"。

323　　　这里不应当详细深入到对至此为止提出的各种尝试的批判中去。这里需要衔接的是贯穿在所有这些尝试中的基本思想。因为这个基本思想起初看起来是正确的。即是说，人们始终以此为开端，即从统观人的心灵并且在它之中区分心灵生活的不同方面、不同功能、不同对象领域开始，而后再探问，它们自身是如何变更的，以及它们彼此的关系可能处在哪些不同的秩序中。而后，被发现的心灵生活的方面、功能和对象领域的可能变更与秩序会为刻画和划分人们的性格提供契机。

　　但首先，如果人们的确想要获取性格真正的正常种类的话，那么在这里就不应当忘记，必须从一开始就将变更和秩序包含到正常之物的活动空间中去。而其次，人们必须留意，虽然人们可以根据如此获得的视角来划分性格，但人们还没有因此而获得任何性格种类。

　　这在其他研究领域中是完全清楚的；例如成年人的躯体高度在正常情况下是在 1.299 米与 2 米之间变更；在这个正常范围之外就是侏儒和巨人。而后，在那个正常的活动空间里人们可以区分很矮小（1.30-1.499 米）、矮小（1.50-1.599 米）、中等偏下的高大（1.60-1.639 米）、中等高大（1.64-1.669 米）、中等偏上的高大（1.67-1.699 米）、高大（1.70-1.799 米）和很高大（1.80-1.999 米）的男人，并与此相应地划分男人。但人们并未因此而认识人的身体的任何种类。一个成年男人的某个身高只有在它植根于相关身体种类的基本本质的情况下才属于种类标记。仅身高还不是一个种类构成的标记。——所以，性格学常常引述的大多数性格划分的根据都不是种类构成的标记，遑论它们常常还甚至处在变更的正常活动空间之外，就如在知性主宰的情况下对于无感受性和无意欲性而言就是这种情况。

　　尽管如此，人们首先必须持续地寻找本质的方向，人的心灵人格可以根据它们而在正常的活动空间中变更；但而后人们就必须检验，哪些确实是规定种类的标记。至今已获得的且始终还有缺陷的结果表明，毫无偏见地进行第一个研究就已经不太容易了。姑且不论要想脱出在自己性格中的沉定有多么困难，这种在心理学的各个状况中的束缚性也是很难克服的。作为性格学家，人们必须有勇气也去查明这样一些性格标记，它们根本没有在现存的心理学中被安顿，因而也根本无法借助于它来被找到。

　　人们现在最好是从这样一个问题出发，当他想要从一个他认识的人那里了解一个不认识的人的特有本质种类时，他就会提这样的问题，即："这是个什么样的人？"而后人们会注意那些真实地进行性格刻画的回答，它们大都是无须学院心理学的帮助就可以给出的。或者人们自问：如果他就那个问题得到了一个尽管是全面的，但最终还是不尽满意的回答，那么他缺少的究竟是什么，以及如果他现在自己见到了这个人并认识了这个人，那么他是否还会更多地知道些什么。

　　接下来需要列举这些性格标记中的几个，它们至此为止根本还没有或还未充分地被关注过。

324 1. 人的心灵的大与小；它的完形（Gestalt）

如果我们观察的是成年人，那么毫无疑问，他们作为心灵人格是以不同的大小或规模处在我们面前的。为了清晰地把握这里的"大小"（Größe）所指的是什么，人们必须注意，一个儿童的心灵在与一个正常的成年人的心灵相比当然是较小的，或后者与前者相比是较大的或更有规模的。如果人们通过多次这样的比较而将目光盯住这里所指的性格，那么人们也就可以在正常的成年人那里确定他们的心灵人格的十分显著的大小区别，与此同时，人们也不可以被那种"扮大"（Großtun）或那种狡猾的"扮小"（Kleintun）所迷惑。也许人们而后也会认识到，人的心灵事先就始终已经带着或多或少确定的、不同的大小而处在一个人的面前。——这个大小或规模本身不是一个价值谓项，而且它本身也还没有论证心灵的某个本己价值，因为一个较小的心灵本身也不可能比其他较大的心灵更出色许多。这种大性（Größe）不能混同于大度（Großmütigkeit）。它也不意味着知识的丰富，因为相当小的心灵也可能表现出相当丰富的知识，而大的心灵有可能是相对贫瘠的。它指的也不是成就的丰富，因为小的心灵也可能在这方面明显地超过某些更大的心灵。①

这种大性或规模在成年人格那里，在那些处在一个不包含侏儒心灵和巨人心灵的正常活动空间之内，有可能是非常不同地大（groß）。

---

① 人们所说的一个人的"类别"（Kaliber）大多是指心灵人格的这种大小（Größe）或规模（Umfänglichkeit）。人的"类别"如今已经消失或不发展到了如此程度！人们通常只想知道，它是否是"可亲的"，或"能干的"，或"好的"，或（大都是非真正地）加足了"马力"的。

因而人们可以根据这个视角而将众人划分为很小的、小的、中等偏下小的、中等大的、中等偏上大的、大的和非常大的性格。尽管人们当然无法对这些规模给出数量规定，但人们在运用这个视角时还是会吃惊地看到，竟然可以如此可靠地从人格的心灵的大小和规模来规整各个人格，以及人们可以据此而获得对它们的如此清晰的第一纵观。

尽管如此，这个大小或规模本身还不是种类构成的标记：有一些经验心灵对于它们的种类来说太大了，而另一些则对于它们的种类来说太小了；前者是膨胀了的心灵，后者是消瘦的或滞后的心灵。因此并不排除这样的可能性，即在特定的性格种类中本质上包含着特定的规模或小性（Kleinheit）。例如，属于甜蜜的、浪漫-戏耍的心灵的是一种相对的小性，相反，属于生硬的、戏剧-宏大的心灵的则是一种相对的大性或规模。心灵的大小和规模因而只是一个次要的种类标记。

此外，一个人的人格的不同"方面"或"区域"也具有不同的大或小。在一个被给予的总体-规模或总体-小性之内当然包含着它自己在特定界限内的规模，它在这个界限外是异常大或异常小的。如果人们在此总体中关注不同"方面"或"区域"的相对大小关系，那么相关心灵生物的特殊"完形"（Gestalt）就会凸现出来，它会通过例如它的宗教的、反思的、身体的和外部世界的心灵区域的相对大小而得到规定。

2. 心灵的材料本性（Stoffnatur）

325

如果我们现在关注我想称作人的心灵的"材料本性"的东西，

即，关注人的心灵是由什么组成的，它们是由什么"做成的"，关注它们从中被雕刻出来的木头，关注它们的心灵实体，关注它们用来充实其存在位置的东西，关注它们通过什么而从虚无成为特定的某物，那么我们就会更深地进入人的人格之中。如果人们问自己，不同的人的人格作为心灵生物而实存在上面的那个存在位置是通过什么才得到充实的，那么人们首先会看到，这个被寻找的"什么"即使在正常者界限内的不同的人那里也是千差万别的，它的状况对于个别的人来说是非常有特点的。而且它在本质上规定着我们所具有的关于它们的图像。①而如果人们现在试图对人的人格的这些不同的"实体"进行性格刻画，那么人们就会不自觉地陷入对材料本性或材料的特有性的说明中。固然，人们而后在根本上只会运用图像的描画，因为人们绝不想声称，心灵的人格的确是由物质材料组成的。但这个参照物（tertium comparationis）是可以清楚地感受到的，只要人们不去犯那个流行的错误，即将物质材料种类看作感性可感知的质性的单纯集合体，而是始终关注它们的统一的"什么"。而后也就可以容易把握到"材料本性"和"材料规定性"这些语词的转用的含义。已经有了关于一个人的心灵的很多说法，它以性格刻画的方式被称作"粘土般的"（常常被用在俄国人那里），或"丝绸般的"（常常被用在法国人那里），或"橡木般的""白蜡木般的""香柏木般的""红木般的""杨树木般的"，或者被称作"发油

---

① 对于这些性格标记，人们要么有感觉，要么就没有。在后一种情况下就无计可施。在前一种情况下人们已经使用了这种感觉很长时间，而且看到了这种心灵的"材料本性"很长时间，即使人们对它们还没有做出过研究性的确认。而现在人们不会因为受到某些认识论的或心理学的成见的迷惑便自我否认！

般的""蝙蝠般的""钢丝般的""粗麻般的""硬缎般的""水银般的""白垩状的""海绵般的""骨头般的""鹅毛般的"。当然，这里的前提在于，人们的确充分地了解相应的物质材料，并且正确地把握这个用作比较的参照物。

但人的心灵的各种"材料本性"要远远超出人们能够用这些图像表达来切中的东西。每个心灵人格最终都有自己的材料，它的个体特质只有在直观的沉定（in schauender Versenkung）中才能被把握到。但尽管如此，还是可以区分出这个心灵的材料本性的各个种类。这里仅需要指出一点：心灵的材料本性可以根据一系列不同的视角来加以规定，例如，根据重或轻，硬或软，粗颗粒或细颗粒，紧或松，柔韧或僵硬，有弹力或无弹力，坚韧或易碎，干燥或多汁，根据颜色、亮度、透明度、光泽，根据声音的特质，根据甜或涩，简言之，根据人的心灵的品味。

人往往是如此地沉浸在其自己心灵的材料本性中，以至于他根本不知道它。尽管如此，它常常在他认识他人的心灵材料本性的过程中构成伪造的基础：对于粗麻般的性格来说，丝绸般的性格容易显得虚假和造作；相反，对于丝绸般的性格来说，粗麻般的性格则容易显得异常粗糙和退化。

无论这听上去有多么怪异：即使是这些心灵的材料本性也可能出现在非真正的和硬凑的变异中。人往往只是"做出"丝绸般的、₃₂₆钢丝般的、硬缎般的、蝙蝠般的或甜蜜芬芳的样子，而其实"在根本上"不是如此。甚至有这样的时代潮流和时尚，在它们之中一种硬缎般的或丝绸般的或粗麻般的或某个其他的性格被大范围地接受。这时人们作为性格学家当然就必须透过这些覆盖物来观察这些人的心灵的真正的和根深蒂固的材料本性。

如前所述，心灵材料本性对于人的性格来说是非常有特点的（charakteristisch）；从它们之中每次都可以得出一整个系列的其他的、次生的性格特征，以及它们在相关的人心灵生活中的某些证实种类；它们在身体和身体的生命外化中或多或少清晰地表达出来，并且在相关的人的外部作用与成就中留下性格印记。大范围地未被留意地建基于它们之上的是心灵人格的特殊刺激和对其他人的隐秘排斥；倾慕与厌恶、同情与反感、结合的渴望和敌意的反对与毁灭的欲求通常就是由它们唤起的。

除此之外，心灵的材料本性属于经验性格的最稳定特征；即使它也表明了年龄痕迹并且可能因为生活和命运而发生变异，它在其基本种类中仍然在整个生命之始终都是稳定的。一个特定的心灵基本材料需要一个恰当的外部气候才能相即地被养成。人生活于其中的现有社会状况，他所经受的特殊命运，他所遭受的持续不断的同类边缘威胁——这些都有可能使得经验性格的材料本性偏离开它的基本本质并使它发生变异，将它粗糙化或细致化，将它变酸和变苦或变甜。但它们不会改变基本材料本性。人的人格恰恰是由不同的材料造成的，在这点上是无法做出更改的。而且也不需要对此进行更改，因为每个正常的心灵材料本性都有它们的特殊优点以及它们对某些缺点的爱好。因而它们并不是完全等值的。但错误的自身增值的癖好在这里只会导向非真正之物和硬凑之物。但这实际上不属于这里的讨论。

不恰当的身体-心灵配备资质、配备能力和配备力量同样有可能妨碍一个人的心灵材料本性完全而相即地证实自己，但它们不可能毁灭它们自身。或者这些配备资质会误导人去接受一个他人的材料本性，但它此后会始终是非真正的和硬凑的，并且也会使它自己的基本材料本性变得如此。

此外，一个人的某些心灵材料本性不仅穿透他的自然性格，而且也穿透他的自由性格。不仅是他在大都完全未留意的情况下执意地顽固而绝对自明地坚持他自己的材料本性并试图证实它，而且他的自由活动的方式本身、他对自己的执态方式，以及他对他的心灵基本材料种类的尽责要求的执态状态方式，也浸透了这种顽固性和绝对自明性。

并非每个性格种类都始终具有同一种材料本性。毋宁说，人的心灵的各个部分在有些性格那里具有各种不同的材料种类，而统一的基本材料本性却并不会因此而被抹消。心灵的材料本性在不同的区域中有可能会杂多不同的分异，在不同的位置上会更粗或更细，更硬或更软，更紧或更松，更柔韧或更僵硬，更甜或更苦。关于这一点，需要观察一个像戈特弗里德·凯勒①那样的人格性。

327

3. 心灵的生命河流的种类

人的心灵是一个生物；心灵生活在它之中不停地涌现（flutet），不像一条由外部而来并且只是穿流过它或只在它旁边流过的河流（如人们在心理学中常常对心灵的生命流所做的错误的想象那样），

---

① 戈特弗里德·凯勒（Gottfried Keller, 1819-1890）是瑞士作家和政治家，著有《绿衣亨利》《乡村的罗密欧与朱丽叶》等小说。——中译者

而像一股在心灵本身中来自内部源泉的、持续上涨的涌现（Flut），同时它持续地向着外部消逝，而且在它之中有从源泉出发在各个方向上持续变换和消失的、更为集中的诸多河流，像辐射器一样匆匆穿过这个涌现并或多或少地搅动这个涌现。如果人们现在注意这个心灵的生命河流，那么人们就可以确定，这条河流在不同的人那里，根据他们的不同特有性，即使在正常界限内也可以是非常不同的。首先是这个在此流淌的河流的容积或数量，而后是河流的速度、力度与节奏，它们在同一个人那里虽然在不同的时间里是各不相同的（在丰沛的、疾速的、猛力的、大起大落的心灵生命河流的时间之后跟随的是匮乏的、缓慢的、疲惫的、匍匐而去的心灵生命河流的时间），但在总体上还是会表现出对他而言的性格方面的规定性，它会偏离于在其他人那里的类似规定性。但即使是在这里涌出和流淌的东西的质性状态，甚至首先是这种状态，在不同的个体中就性格方面而言也是各不相同的。如果在一个人的心灵动脉中流淌的是鲸油，那么在另一个人那里流淌的则相反是牛奶、清水、汽水、灼热的甜酒或喷射的香槟。同时，心灵液体的热度（Wärmegrad）也是各不相同的。

即使在同一个人那里，心灵的生命血液的质性和温度（Temperatur）也并非在任何时间都是完全相同的，但撇开这些个人的摇摆幅度不论，他还是有对他而言的性格方面的液体种类和温度。而本质上取决于它们的是那前一类的因素，即河流的速度、力度和节奏。在每个人的心灵中都以某种热度、某种速度、力度和节奏奔涌着一定数量的心灵的生命血液。数量、热度、速度、力度和节奏虽然会在生命的进程中随年龄阶段的不同而发生变化，但生命血液的质性在本质上始终是稳定的，哪怕有可能会因为经历和命运而导致某些变化的形成，例如变酸、变苦、变浑或如此等等。

与在性格学认识那里的情况一样，人们在这里也必须始终自己意识到，人们在经验人的心灵生活中实际发现的东西并不总是真正的和根深蒂固的，而常常也是非真正的和硬凑的。谁不认识这样的人，他们掀动他们的衰弱而昏沉的生命河流，使它看起来和表现得就像灼热的甜酒一般！或者这样的人，他们通过对他们的动荡不安的粘土般的生命河流的精心照管，培育出一条人为清晰的、深沉的和在充满尊严的节奏中起伏向前的生命之江！时代潮流与时尚现在偏好的是欢快跳跃的溪流，而后是咆哮翻腾的河流，再后是忧郁宁静地向前流淌的大河，并且促使一些人以非真正的和持续覆盖的方式用他们的生命之河去人为地适应这些榜样。

一旦现在前进到了对一个个体人的真正的和原本的心灵生活河流的把握上，一旦感受到它的心灵的生命血液及其流淌的全部特质，那么，如果人们想要尝试用语言去描述被感受的东西，他们又将首先体会到一种痛苦的语言阻塞。而最终的个体在这里也将只能用专名来证明。但是，如果人们感受过和统观过许多这样的心灵的生命汁水与生命河流，而且如果人们将显而易见的异常之物和病态之物切除出去，那么人们还是会认识到，有一系列这样的统一种类是在一定程度上可以用语词来描述的，并且可以被用于对个别的个体在这个方面做切近的性格刻画。在这里重又是类比，而且用物质的液体种类及其流动方式进行的类比，它们为描述提供了可能。不言而喻，人们不能以为，心灵的生命河流在其特质方面可以通过这种类比而完全得到穷尽。

328

一旦人们确定了心灵生活血液及其流淌的一系列真正的统一种类，那么就重又有这样的问题出现：它们在性格的总体中占有何种位置。而在这里表明，它们并不能与以上所说的心灵材料本性的每个种类以及与每个心灵的大小都相一致。一个细小而柔弱的蝙蝠-心灵作为生命河流不会在动脉中具有一个灼热奔放和呼啸而过的格鲁特葡萄酒，而且如果它接受了并表现出一种非真正的、庄严而尊贵地起伏的、厚重深沉的生命之流，那么它会显得很滑稽。一个庞大而多节的橡木心灵在质性和形式方面所具有的生命河流会不同于一个中等大小的、细粒而无脂的粉笔心灵；一个中等偏小的矮胖羽毛心灵会在缓缓淌过和甜蜜偎依的轻波细浪中带着时而窃笑的飞溅气泡平淡度日，而这种方式对于中等大小的粗麻心灵来说则完全是在本质上生疏的。

此外，心灵的材料本性，而且在某种程度上也包括心灵的规模，看起来对于心灵血液及其流淌的种类而言是决定性的，因而后者相对于前者就占有一个次要的位置。当然，所有这四个规定性的最终的根本源泉都在人的心灵的统一根本性格中。

一个人的经验性格并不始终表现出与他根本性格相适宜的心灵生活河流的种类。撇开一个人的经验性格包含的非真正的和人为的覆盖不论，无论是这个人的心灵生活血液的状况，还是其运动方式，都可能与他的根本性格或多或少地不相适宜。他的生命血液的流淌对他来说可能过于缓慢，过于柔和乳白，过于浑浊，过于灼热，过于水性，过于不安，过于杂乱，过于宽阔，过于快速，过于猛力，过于庄严。而后会有不满的欲望向着恰当的生命血液和生命河流不由自主地蠢蠢欲动，而且它在寻找外部的激发，它们可以帮它克服这些内部的阻塞与溢流（Übersteigerung）。

心灵生命河流的特定种类在心灵生活的不同领域中，在感知、思维、感受与追求中证实自己，但在这里并不排除这样的可能性，即相对于不同的对象领域会出现或多或少根本的变异，它们既为心灵的血液，也为它的进程赋予了某个特殊的性质。但只要这些变异不是明显不恰当的，它们就不会穿透特有的根本本性。例如，即使一个人的柔和乳白的生命河流在宗教领域中接受了一种更温暖、更满足、更尊贵、硬缎般的真正变异，它在那里仍然还是一条不同的河流，即不同于一个在本性上灼热的、猛力的、多节的人的宗教生命河流。

不仅不同的心灵功能和区域是彻底地受生命河流之种类的主宰的，而且人的性格的人格划分也表现出这个种类的色彩。甚至无论是在自然性格中，还是在自由性格中，都穿流着同一种心灵的生活血液。昏沉的人的自然性格表现出相应的昏沉的生命河流，他的 ³²⁹ 自由行动的自我不仅会毫无疑问地和最不言自明地奉献给对其昏沉的生命河流的维持与证实，而且它自己也会在它的活动中，在它对自己、对它的心灵自身驱动（Selbstgetriebe）以及对尽责的要求的态度中表现出同样昏沉的举止。而一个灼热的、脉动剧烈的人的自由行动自我也会不由自主地试图保存和证实它的生命河流的这个种类，并且在它自身活动中以它的这种方式处世行事。当然，两者作为自由活动的中心也以激励或节制的方式作用于它们自己的生命河流，如果这条河流例如对于它们的本质或对象领域来说应当是不恰当的，但即使是在这个自身规定中，它们也会控制它们的生命河流的基本本性。它们的活泼、它们的自身努力的方式、它们的敏感，以及它们的沮丧将会在性格刻画方面有所不同。

最后是心灵血液及其流动的种类，它们也会在身体上和在身体的生命表述中得到表达，并且在其外部作用和成就中（在字迹、在文化产品中）获得持续的、或多或少确切的印记。

就像个别人的心灵的材料本性一样，他们的心灵血液的种类以及它的进程的种类会构成对其他人而言的无穷无尽的刺激的隐秘对象。在它们之中常常有好感与反感、爱与恨、结合的渴望以及破坏狂般的排斥的隐秘根据。

从以上所述可以看出，人们所说的气质（Temperament），本质上就涉及心灵血液及其进程的种类，因而关于气质种类的学说完全就是在关于心灵的生命血液、它的温度和它的流动的这一章中开启的。

4. 性格的紧张（Tonus）

带着一个特定的心灵材料本性，一个特定的心灵规模和一个特定的心灵的血液和血液流淌，心灵的一个特定的紧张、一个张力关系（Spannungsverhältnis）已经在某种程度上被给予了。较之于一个带有脉动激烈的、华贵的生命河流的钢丝般的火焰精神，一个带有凉爽安逸的生命河流的臃肿昏沉的心灵一般都会具有一个较小的心灵紧张。但为了进一步认清性格，重要的是对它的内部张力关系做出更确切的说明。

需要将某个性格所具有的总体紧张区别于心灵中对张力的内部分配。如果我们首先注意到心灵主体以不自觉的方式对不同的意向对象领域所采取的内部立场，那么我们就可以确定，不同的人会与它们处在非常不同的张力关系中。距离最近的外部意向对象领域是人自己的身体；他的心灵生活的一大部分是指向他的身体的。现在人们很容易发现，有一些人在心灵上很轻松地沉迷在他们的身体中，并且与身体几乎不处在任何紧张关系中，而另一些人则不由自主地被针对他们的或弱或强的张力所充满；而且后一种情况不仅发生在他们受到身体故障警告，或身体直接受到重大心灵张力的侵袭，或恰好有一个朝向外部的防卫准备或进攻准备存在的情况下，而且也发生在没有这种特别契机的情况下。在不同的人那里，即使是在正常的摇摆幅度范围内，心灵与身体之间的紧张也可以有 330
不同的大小，而且相对独立于心灵的总体紧张。一个高度紧张的心灵并不一定与它的身体处在高度紧张的关系中。此外，这种性格上的身体-心灵紧张大都只是在心灵的地下河流中稳定地存在，并且只是在很少的情况下被人察觉。

如果我们寻找人的心灵外围中的其他负荷，那么我们会遇到针对"他者"的紧张、针对外部世界，以及尤其是针对其他人一般的重要的紧张。人的心灵就其本质而言也是指向"他者"的，指向在心灵之外被认作实在地在此的东西。这种超出自身的意向关系本身不是张力关系。当然，指向外部世界的感知、思维、感受和追求自身含有一种张力关系。但是，这种为心灵萌动所固有的张力并不意味着，心灵主体对它的萌动所涉及的外部世界采取了一个有张力的立场，毋宁说，心灵主体可以完全洒脱地面对外部世界。但需要注意的是，情况并非始终是如此，也并非在所有人那里都是如此，不如说，在心灵与外部世界之间的某个持续的张力程度是特定的人和特定的性格种类的性格特点。各种现时地朝向外部世界的心灵萌动在这里完全不需要证明这种张力；在一个稳定地朝向心灵地下河流的强烈的高度张力（Hochspannung）的基础上，一个人可以用无压力的奶牛眼睛张望周围环境，并且洒脱地思考、感受、评价、追求和行动，直至有地下的张力（Untergrundspannung）突然升起，并且也在现时的萌动中证实自己。因此，针对外部世界的张力关系常常会长时间地潜伏于心灵的地下，并且从这里开始在本质上一同规定着心灵生活，直至它本身上升到现时的心灵生活之中。因而人常常根本对此一无所知。

　　这种张力所针对的并不是外部世界的特定部分或对象，而是外部世界一般。而这种张力并不一定必然是一种进攻性的或防卫性的，它也可以例如仅仅是欲望性的或期待性的。每个个体都表现出一种针对外部世界的特定张力，它在他这里会有某种程度的来回摇摆。这个程度有可能或多或少地与他的根本性格相适合，即是说，人在经验上可以生活在这样一个针对外部世界之张力的程度中，这个程度不同于那个与他的基本本质相应的程度。而后他会将这个方向上的经验张力状况（就像所有与他基本本质不相适宜的东西一样），体验为某种他迫切需要克服的临时的东西。以此方式，人在面对世界时既可以忍受过大的张力，也可以忍受过小的张力，并且可以向往那种可以使他获得合适的张力关系的状况。在这里也可以从经验性格中的张力关系回溯到根本性格的张力关系上。根本性格的不同种类因而也包括了一个与外部世界一般的特定张力关系。

　　特别值得强调的还有处在相同方向上的张力关系，即心灵与实在世界一般中的其他人的张力关系。不仅是针对个别的人或人群或阶层，而且也针对人的特定集合体，有可能在心灵的地下河流中不自觉地稳定存在着某种程度的张力，无论它是防守的还是进攻的，惧怕的还是希望的，欲求的还是给予的。而后它持续地潜伏在与某些其他人的个别关系中，并且从地下出发一同规定着心灵生活。如果它对于根本性格是恰当的，那么它就显现为一个隐藏的临时忍受状况，并且催促根本性格将自身置于与其他人的合适的张力关系中。 331

与前面这些对心灵与自己身体、与世界和与其他人的不自觉张力的发现相比，更为困难的是要发现指向自己本身的和不自觉地现存的张力。尽管如此，人们在耐心的深度研究中会发现，它是现存的。甚至人的所有种类的现时心灵萌动都会指向自己本身。他不仅意识到他自己，他的思维和认识、他的回忆和想象不仅指向他自己的心灵人格，而且他也评价自己，爱自己和恨自己，对自己抱有同情感，抱有与自己有关的期待、希望和担忧，并且他主动地深入到自己之中。在这里，在这些现时的心灵—反思的萌动下面，也有一个稳定的反思性的地下河流，而且在此地下河流中也稳定地有一个在主体与它自己之间的不自觉的张力关系，它虽然摇摆不定，但还是围绕某个程度晃来晃去。就这个张力关系是经验的而言，它不需要与根本性格相符。如果它具有一个过小的程度，那么它就会促使一些人去犯下罪孽，给自己施加痛苦，使自己身处危险，以便借此自动地将一个较强的张力关系引向自己。

最后包含在性格的不自觉的紧张规定性中的还有心灵与上帝的适宜的张力关系。即使在远离上帝的现时心灵生活中没有出现任何宗教萌动，但在人的心灵中还是不自觉地存在着一个或多或少隐蔽的、稳定的、宗教的地下河流，它的实存是可以在偶尔的宗教情绪中被感受到的。而在这条地下河流中也不自觉地存在着一个或多或少强烈的张力关系，等待的、希望的或担忧的，与上帝的或在他位置（Stelle）上出现的东西的张力关系。这种经验关系也不需要与根本性格相适宜，后者或许要求一种完全不同的张力，通过这种张力，根本性格可以从痛苦的临时的东西出发满足地进入合适的宗教关系中。陷入一种与上帝的更强烈的张力关系的渴望驱使一些人走向自我谴责、罪孽积累、亵渎上帝。

现在，从总体紧张（Gesamttonus）中以及从上述在四个或五个方向上的不自觉的性格压力（Gespanntheiten）中，还需要区分出三种压力，它们的位子（Sitz）处在自由活动的自我之中。首先是自由行动的自身努力的压力。它虽然始终处在变化之中，并且一再地向完全的松弛状态过渡，但它还是会围绕着一个中间位子摆来摆去，这个中间位子在不同的个体那里表现出不同的程度。这里所说的压力，不能混同于那种当强烈的追求或抵触在激励主体，并驱使它做出某些行为举止时在它之中不自觉地产生的压力。因为在后一种情况中，自我不是从自己出发来理解自己，而是它直接承受了一个不自觉的激发张力。尽管如此，那些不能给自己强烈地加压的个体仍然会通过不自觉地追求和抵触而感受到强烈的张力。因而这里谈论的是自我主动地给自己加压所达致的张力程度。对于一个人的性格来说，现在完全特别的标志就是，他通常给自己加压到何种程度，他在这里究竟能够达到何种程度，以及这个程度的增加和减少是在何种曲线中发生的。这是一个人的特征标记，即他在超出某个低水平的情况下根本不能再继续紧张下去，即他具有一个相对

较小的自我紧张力量。而这会将他明显地有别于那些具有相对较 332
高的自身紧张力量的人。同样，这是对自身紧张力量之耐力的特征
标记，即人是否能够将这种自身紧张力量较长时间稳定地维持在同
一个水平上，或者他是否很快又会从这个水平上降下来。自身紧
张力量的程度和耐力规定着性格所具有的自身维持的种类。当然，
每个人都只是循序渐进地通过在他生命进程中的自身努力才获得
他的自身维持的种类；而且这个人在这里需要比另一个人克服更多
的或大或小、或内或外的障碍。但内在的自身维持的目标和特定种
类在不同的人那里仍然是在性格方面各不相同的。

　　与被达到的自身压力的程度不同的是人为了达到这个程度而
必须投入的自身努力的程度。这个人毫不费力地持续把控自己，而
另一个人却只有付诸巨大努力才能做到。因而这里的问题在于自
身把握的耐力和稳固。必要的自身努力的程度取决于为了达到自
由行动的自我的特定的自身压力和固有紧张所需要克服的内部和
外部的阻抗。

　　如果这种自身压力涉及的是自由行动的自我与自己的关系，那
么另一种同样位于自由行动的自我之中的压力所涉及的，则是这个
自我与它的心灵生活的自身驱动的关系。即使自由行动的自我牢
牢地把控自己，心灵生活也会在它不参与的情况下以某种方式继续
前行。现在自由行动的自我可以与这个处于持续前行中的心灵的
自身驱动置于某种张力关系中。前者紧张地面对后者，以或进攻或
防守，或希望或惧怕的方式，并不必然在现时的反思的萌动中，而
是大都只在反思性的地下河流中。在一个自由散漫的人那里，自由
行动的自我本身不仅不掌控自己，而且也完全放松地面对持续跑动

的心灵自身驱动。那种自由行动的固有紧张是自我中心的自身压力，而自我的针对心灵自身驱动的自由行动的反紧张（Gegentonus）则仿佛是从自我中心出发走向在围绕它周边的心灵自身的总体。

对于性格种类来说尤为重要的是针对自己缺陷的自由行动的反紧张，自我用它来自由行动地对抗不恰当的外表化、对他人的敌意对置、在如-在（So-Sein）中的盲目固守，以及疏远上帝。在这一个性格种类这里，这些在心灵地下河流中的各种倾向方面有一条拉紧的缰绳，而在另一个性格种类那里，这条缰绳则相反是相当松弛地被握着的。——这种针对心灵的自身驱动的自由行动的反紧张不应被混同于不自觉地（例如出于对众人意见的恐惧）存在的针对那些外表化、敌意对置、盲目固守和疏远上帝的倾向的反紧张，因为这些不自觉的反紧张本身就从属于心灵的自身驱动，而不是从自由行动的自我发出的。在这里拉紧了缰绳的是对众人意见的恐惧而非自由行动的自我。一旦对众人意见的恐惧消失，骏马就会跑开并且还随身带走自由行动的自我，如果它自己不拉紧缰绳的话。

如前所述，人的人格作为人格包含了一个三重划分。自由行动的自我一方面在自身之下仿佛有着心灵的自身驱动，而另一方面在它之上仿佛漂浮着那些已知悉的尽责要求。它在两个方面都是自动地被束缚的，但即使有这个束缚也仍然可以自由地在两个方面采取立场，这里的本质区别仅仅在于，当它放松自己并且放任自己时，它会被自身驱动所吸引并且被其利用，而在相反的情况下，它绝不自发地听从那些尽责要求的指派，而是只有通过自由的自身束缚才可能献身于它们。

对于那个漂浮在它之上的尽责要求的领域，自由行动的自我现在有可能报以一种或多或少强烈的反紧张，无论是在准备遵从这些尽责要求的紧张中，还是在临时远离这种遵从的紧张中。在两种情况中，自由行动的反紧张的程度都是在人的特殊伦理性格中的一个重要特征。——在这里人们也不能将自由行动的反紧张与针对尽责要求的不自觉压力混为一谈。例如对众人意见的恐惧既可以激起一种不自觉的准备的紧张，也可以激起一种针对尽责要求的不自觉的抗拒性紧张（Widerspenstigkeitstonus），全看"众人"究竟是被认为会敬重这些要求并且希望遵从它们，还是被认为会嘲笑它们并将对它们的遵从视作一种奴性的或愚蠢的行为。

总起来说，这三个最后引述的压力，即自由行动的固有紧张、针对心灵的自身驱动的自由行动的反紧张，以及针对尽责要求的自由行动的反紧张，它们构成人的人格的一个特殊性格特征，并且随它们的程度不同而决定着完全不同的人格的性格种类。它们属于自由性格，而前面所说的不自觉的压力则要归属于自然性格。

因而人们必须既将那四个不自觉的压力，即针对自己身体、针对外部世界与其他人、针对自己和针对上帝的压力，也将这三个人格的压力，即自由行动的固有紧张、针对心灵的自身驱动的自由行动的反紧张以及针对尽责要求的自由行动的反紧张，都登记到一个经验人格的性格图像中，以及登记到各个根本性格种类的图像中，而且连同个别地归属于它们的各个相应程度。还需要进行特别的研究才能确定，这些不同压力的哪些正常组合在这里是可能的，哪些是不可能的，以及在根本性格的不同种类那里存在着哪些组合，即存在着哪些紧张凸起（Tonusreliefs）。在心灵人格的这一处或那一处的异常的和病态的松弛（Entspannung）或过度紧张

(Überspannung)，尤其是在真正人格领域中的异常和病态的紧张凸起会在一门异常和病态性格的性格学中得到探讨。这里也许只要指出一点就够了：人的性格不仅具有一个总体紧张，而且也表明在某些位置上的一系列特殊压力，其中三个压力处在较窄的人格领域中，而其他四个压力的位子则处在从属的心灵自身驱动中。

5. 心灵之光

如果我们现在对这个被设想的人的性格的基本构架做一个回顾；如果我们用某些心灵材料本性的心灵生物来依次充实存在的一个起初空泛的位置，这个生物在延展自身，直至一个特定的大小或规模，它在特定的彼此大小关系的不同区域中展开自身，并因此而获得一个特定的形态；如果我们而后为这个生物配备一个特定种类的心灵生命血液，并将这个生物放置在它的恰当进程中；如果我们将这个脉动的生物按照高度划分为两个领域，即下层的心灵自身驱动与上层的人格中心的两个相互长合的并且处在生命关联中的领域，而且现在不仅赋予这个整体以一个特定的总体紧张，而且还既为心灵的自身驱动添加一个特定的内部压力以及三个向外的针对外围环境的压力，即指向自己身体、指向外部世界和其他生物、指向上帝的压力，也为人格中心赋予了一个特定自由行动的固有紧张以及针对下层的心灵自身驱动与针对漂浮在上层的尽责要求领域的某种自由行动的反紧张，并将这些压力的整个系统作为持续的基础沉入到心灵的地下，——那么这个总体，这个现在以分离的方式站在我们眼前的构成物还会太多地具有一个尽管活着，但却睡着的人格的外貌。因而我们现在可以说是必须让这个生物睁开眼睛，以便内在的心灵之光向外投射到它的恰当外表上，照亮意向对象世界的各个领域，从而为多重的心灵的交互关系开辟自由的轨道，而这个人格生物连同它在其所有心灵区域中的所有功能都会在此轨道上驶向意向的对象世界。因为每个清醒的人的生物都仿佛向外投射出一道心灵之光，而且既超出自己本身投射到外部对象世界之中，也回过来投射到自身之中。对于不同性格种类的认识而言，重要的是要注意：这种心灵之光在不同的性格那里重又具有极为不同的状态，性格的特殊性每次都会在这些状态中清晰地划分自己和证实自己。

这个事实可以被人们注意到，只要人们关注，人是用什么目光看入世界的，而且现在既追踪这个目光在同一个人那里于时间进程中所经历的变化，而且也将人的不同目光加以相互比较。人们可以根据各种不同的角度来刻画这个"看入世界的目光"的特征。首先需要指出其中的几个角度。而后人们会同时认识到，即使发生所有这些个别的变化，对于个别人来说，有性格特点的是一个特定的目光种类。

当然，从一开始就要将所有那些本身不是心灵观看的确定性，而只是"处在目光中"的东西切除掉。惊异、蔑视、恭顺、傲慢、爱、友善、恨、愤怒、嫉妒、情感冷漠、欲求、决断、请求、警告和许多其他的东西都可以处在目光中，但它们本身并不是目光的一个状态。首先要看到处在由心灵主体发出的目光中的心灵之光的种类。只是为了给出关于这个心灵之光所能指出的大量的特殊性的一个大致情况，这里需要简短地说明其中的几个。大部分人看入世界的目光大都是冷静的、黯淡的、混乱的；在一些人那里，这种心灵之光接受了一种苍白的、衰弱的、迟钝的性格。但在这些人之间还散落着其他人，他们的目光是清新的、明亮的、水灵的，或者也是开朗的、温暖的、柔软的和宽厚的。与此相反，从其他心灵点中向我们投射过来的是生硬的、犀利的、赤裸的、无情冷漠的心灵之光。与此并列闪耀的是其他人的节日辉煌的、明澈的目光，但我们不可以因为这个目光而忽略了另一些人的更为宁静的、节庆庄严的火炬或银光闪烁的灯火。在心灵人的世界的其他地方还有一种阴暗的火焰之光在向我们发出威胁，而从病态者的领域中还有燥热不安的目光、刻毒而朦胧的目光以及失色而惨白的目光在看向我们。

335

　　人们用来看入世界的心灵之光是变化不定的。暂时的状态、特定的体验、异常和病态的心灵变化都会影响它的性质。它于不同的年龄阶段上在性格特征方面是各不相同的。除此之外也在许多方面有一种非真正的和人为的心灵之光；无论是孩童般清晰明澈的无邪目光，还是庄严肃穆的尊严目光都有可能是非真正的。时代潮流和时尚会偏好在女性那里的某些目光种类，其他的则偏好在男性那里的某些目光种类，而后它们会被社会中的人或摄影机构所采纳。如果人们要认识每个人的性格目光，就必须透彻地研究所有这些变化和覆盖。此外当然还要研究，哪些目光种类本质上属于一个特定的性格种类。

　　以上只是明确地谈到了尤其是在人的观看中展现出的心灵之光。但这个心灵之光看起来只是普遍的心灵之光的一个特别投射，这个普遍的心灵之光也会投射到其他心灵功能之中。例如，人的思维领域也会被某个对他来说有性格特征的光的种类所充满。同样，心灵之光也会投射到那些朝向不同对象领域的不同心灵区域，而与此同时不排除这样的可能：它在不同的区域接受了一个相应的不同变异。因而如果人们要完全地认识对于一个特定的人或对于一个性格种类而言标志性的心灵之光的种类，那么人们就必须也在这些它们于不同区域中表现出来的变异中探究它们。而后人们还必须为此也关注那种投射到心灵本身之中并从内部照亮心灵的心灵之光。

此外，在心灵之光方面，除了光的种类之外，人们还可以区分例如投射的速度、主动性、把捉和侵入的种类，并且将它们用于性格刻画。

很容易就可以认识到，在某些界限之内的心灵之光的种类一般都已经通过前面所述的其他的性格规定性而得到了预先的规定。以两个心灵为例，一个是巨大而多节的橡木心灵，带有浓密而温暖的生命血液，伴随着阻塞与湍流猛力冲击地一泻千里，承载着强烈的压力，尤其是在人格领域，而另一个是中等的丝绸心灵，带有清醇的、优雅地缓行而去的香槟血液，承载的是少量的人格紧张，但在心灵的自身驱动中则承载了巨大压力——这两个心灵所投射出的心灵之光是不尽相同的。然而，要想个别地确定种种共属性和制约性，还需要进行艰难的、细致敏锐而深入透彻的研究。

附录一 亚历山大·普凡德尔的性格学纲要 *

乌索拉·阿维-拉勒芒　埃伯哈特·阿维-拉勒芒

一

在近百年来发表的关于性格学的原理问题的各种不同论文中，没有一位作者比亚历山大·普凡德尔钻研得更深入，把握得更本质，没有一位在人类研究的这个领域的心理学家比他所做的区分更全面。他对性格学的奠基完全是独立的，与有着不同的起点且业已成名的路德维希·克拉格斯(Ludwig Klages)相并列。如今，凡从事个体性研究和探讨个性理论的人都会通过阅读普凡德尔的阐述而获益。[①] 如果各种个体心理学——这是如今的偏好——是由对经验个别研究的成果的收集组成的，那么普凡德尔的阐述就更值得推荐阅

---

* 原文见：Ursula Ave-Lallemant and Eberhard Ave-Lallemant, "Alexander Pfänders Grundriss der Charakterologie", Herbert Spiegelberg and Eberhard Ave-Lallemant (ed.) *Pfänder-Studien*, The Hague / Boston / London: Martinus Nijhoff, 1982, S. 203-226。——中译者

① 参见：Alexander Pfänder, „Grundprobleme der Charakterologie", in *Jahrbuch der Charakterologie*, I. Jahrgang, Berlin: Pan Verlag Rolf Heiss, 1924, S. 289-355。

读了。因为处在个别研究成果的任何一个总和之前的是对人以及在其总体性中的人的存在的思义，它们要多于各个部分的总和。

　　"性格学"的知识领域是从对个体的兴趣中产生的，这个兴趣自文艺复兴以来首先落实在戏剧中，而后也落实在小说中。普凡德尔将这种对个别人的前科学观察视作对这个研究领域而言的开端与主要驱动力，他找到了以科学方法来开发这个研究领域的论据，这些论据今天已经变得越来越要紧了。所以，他提到经济咨询——笔迹心理学作为诊断术已经流行起来，而它的基础就是性格学——，他提到因为离开家乡而使我们置身于陌生人的周围环境之中。他谈到大众课程，就好像他预见到了我们这个年代的危机一样。而他最后列举的东西现在仍然还摆在我们的面前：通过对个体的个性的深化认识来丰富关于人的心理病知识，并且最终通过对历史上的重要人物的更好认识来丰富历史研究。

　　还在任何科学思考之前，这项工作就面临几个基本的困难，这个状况在今天与在普凡德尔撰写论文的时代是同样有效的。就总体而论，研究者必须防止那些将研究者的提问转向特别方向的"陌生兴趣"。这里需要为如今的境况以一个仍然迫在眉睫的成就能力的问题为例。对于一些人来说，同样困难的是像普凡德尔所要求的那样为一种自动隐含的价值评判加括号。而且心理学的专业文献表明，从自然科学中转用的"传统认识论偏见"（第 294 页 ①）如今仍然在，或如今重又在通过错误的方法来提供片面的甚或错误

---

　　①　此"纲要"中的页码为普凡德尔《性格学的基本问题》首次出版时在《性格学年刊》(*Jahrbuch der Charakterologie*, I. Jahrgang, Berlin: Pan Verlag Rolf Heiss, 1924)中的页码，在本中译稿的正文部分也作为边码标注出来。——中译者

的结论。①

　　因此，人们必须随普凡德尔一起要求，"出于纯粹的认识兴趣"来研究一门性格学（第 292—293 页），它需要为价值评判加括号，即使价值也应当是研究的对象（第 293 页），它必须将它的方法指向它的对象，而这个对象就是作为"人格的、心灵的生物"（第 294 页）的人。

二

　　哲学家普凡德尔如何会将他的兴趣转向性格学的基本问题？他对这个论题所做的阐述并非偶然产生，而且不是一种补遗。贯穿在亚历山大·普凡德尔一生之中的一个中心兴趣就是人的心理学。他的动机在这里完全是实践的生活帮助的动机。在一篇与他的专著《人的心灵》相关的、首次在这卷中以德文原文出版的② 短文中，他曾谈到他于 1893 年从叔本华和尼采那里而来第一次遭遇学院心理学时感到的失望。他逐渐明白，他必须自己来建立一门符合

----

　　①　将非生物体对象领域的自然科学方法转用于人的研究是一个致命错误，它在第二次世界大战之后达到了一个新的顶峰。普凡德尔的方法批判听起来是十分现代的，他针对那些对性格学感兴趣的人曾说："最后还有某些传统的认识论偏见会添加进来，从而使他完全瘫痪，因为它们会向他展示和为他的研究推荐唯一科学的认识方法，这些方法在面对无生命的自然时曾有过无可置疑的成就，然而他的研究却要倾注在完全不同的对象上，即倾注在特有的、人格的、心灵的人的生物上。"（第 294 页）

　　②　"这卷"是指本文发表于其中的《现象学丛书》系列第 84 卷：H. Spiegelberg und E. Ave-Lallemant（Hrsg.），*Pfänder-Studien*, Phaenomenologica 84, The Hague / Boston / London: Martinus Nijhoff Publishers, 1982, 普凡德尔的短文刊载在该卷的第 281—286 页上，是他为《人的心灵》一书撰写的预告，但当时未发表，这次是作为遗稿出版。——中译者

他的意向的人的心理学。① 而后他在这篇短文中说明，他是如何逐步地制订一个相应的方案的，他于 1914 年第一次将这个方案作为讲座在慕尼黑宣读，而后他将其中进一步加工的部分发表在他的论文"论志向心理学"（1913/16 年）和"性格学的基本问题"（1924 年）中，最后，他在 1930 年前后还相信，可以将他的心理学的主要纲领放在他的著作《人的心灵》（1933 年）中出版。②

对上述著作的进一步观察很快就表明，前两部较早的论文绝不仅仅是普凡德尔后来在《人的心灵》中所做阐述的前研究或某些部分。尽管所有三篇论述都处在一种彼此对应的状态，但更正确的说法是，它们都是从普凡德尔的总体方案的共同根系中独立生长出来的。在这里，性格学在普凡德尔本人的眼中也展示了一种本原的推进，这一点此外也可以从这个事实中得出：他在完成并发表了《人的心灵》之后重又转向性格学，并且在 1936 年 3 月至 8 月期间为一部新的著作做前期准备。这些研究现在存放在他的遗稿中，在两个编号为 C IV 14 与 15 的文件夹中，并且因为受普凡德尔晚年的恶劣身体状况的制约而未能再超出笔记的阶段。③

---

① 此外，路德维希·克拉格斯（Ludwig Klages）对他在同一时期与学院心理学遭遇的叙述与此完全相似，他于 1910 年对一门科学的性格学的发展做出推进（《性格学的基础》附录）。克拉格斯与普凡德尔一样感谢特奥多尔·利普斯的本质性的激励。对克拉格斯和普凡德尔的开端进行比较研究是一项值得一做的工作，它的完成将同时意味着对表达学和现象学之间关系的本质澄清。

② 为此如今还必须提到由特里哈斯（Wolfgang Trillhaas）于 1948 年才从遗稿中编辑出版的普凡德尔讲座稿《生活目标的哲学》，这个讲座在"性格学的基本问题"完稿前不久才首次宣读并非是偶然。

③ 这里原有的关于普凡德尔的性格学遗稿的较长说明现作为本文附录被移到本文最后。——中译者

普凡德尔的性格学阐述在这门科学的最初全盛期(1910-1960年)得到了权威心理学家们的重视。汉斯·普林茨霍恩于 1931 年在他的"当代性格学"的研究报告中写道:"性格学不仅首先要求首先对人的……性格进行仔细的分析,而且此外也要求对内在的联系做出阐明,以便能够系统地将所有性格活动方式都与一个'建造计划'的规律性联系在一起。我们除了克拉格斯之外只拥有一位在此意义上的唯一独立的性格学家:A. 普凡德尔,可惜他还没有出版他的全集,但他的主要动机已经在一篇论文中得到完全清晰的描画。"[①] 奥古斯特·维特尔也在他对性格学的诊断学的原则性讨论中将普凡德尔与克拉格斯相提并论。[②]

尽管如此,人们不得不确认,普凡德尔的阐述实际上至今尚未充分地被接纳。因此可以解释,随着性格学自六十年代以来重又被排挤出学院心理学,他作为性格学家的名字几乎不再被提及。在1960 年出版的手册《个体性研究与个体性理论》中虽然多次提到他的两部心理学著述,但没有提到他的性格学著述。诚然,如前所述,在二十世纪上半叶发展起来并至少在德语地区的大学里成为一个心理学特有领域的整个性格学,如今在学院心理学中重又被挤到了后台。

从外表上看,新的称号"个体性心理学"被用来标示那个原先曾为性格学所拥有的区域。但与此相联结的是一个本质上的视域

---

① Hans Prinzhorn, „Charakterkunde der Gegenwart", in *Philosophische Forschungsberichte*, Heft 11, Berlin 1931, S. 5.

② August Vetter, *Grundformen der Diagnostik*, München: Lehrmitteldienst des Studentenwerks München, 1955, S. 43-49.

窄化。[①] 就某些方面而言，这里随之而出现了一个局面，它与普凡德尔在阐述他自己的构想前所遭遇的局面是相似的。尽管人们的要求更为全面，但在方法上重又受到一种以自然科学为导向的经验论的片面影响。如今很少有人理解在本世纪初由现象学发起并且也从普凡德尔的心理学和性格学中生成的对经验概念的扩展。顺便提一下，这赋予普凡德尔在其已于 1904 年出版的《心理学引论》(1920 年 2 月）中的原则性阐述以一种新的现时性。

不过在心理学家的实践中现在正在表明，今天的个体心理学没有足够的能力超出对人的单纯分级（Einstufung），在事关生活咨询和生活帮助时为人们提供所需的基础。[②] 性格学通常也会以直接的类型确定或描述的方式来操作，并且尝试从性格品性出发设想各种结构范式。相反，普凡德尔提供基本范畴来把握在其自身生成过程中的人，将他把握为既是在其各个特质中已决定了的，也是自由的人。在生活咨询方面的实践者因而也可以在普凡德尔这里找到他在其他地方无法获得的理论基础。因此，值得将目光重新转向普凡德尔的阐述。这样一个做法甚至可以帮助人们在批判的审核中为心理学或更多是为作为整体的人类学准确无误地再次获得性格学的完整视域。

因为人们必须看到，虽然对于普凡德尔来说，这里的问题在于

---

① 关于性格学的精神归类可以参见：Friedrich Seifert, *Charakterologie,* München und Berlin 1929 (*Handbuch der Philosophie*)；关于性格学尤其自十九世纪以来的历史发展可以参见：August Vetter, *Charakter und Typus,* München 1952；关于性格学的心理学归类可以参见：Philipp Lersch, *Aufbau der Person,* 6. Aufl. 1954, Einleitung 2c。

② 参见：Ursula Ave-Lallemant, „Graphologie, Charakterologie und personale Anthropologie", in *Zeitschrift für Menschenkunde* XXXI/4 (1967)。

对心灵在其各个特质中的经验,但这始终是在人的多向度整体的框架内进行的。"人……至少从经验上表明,是一个三位一体,在其中人的躯体、身体的生物和心灵的生物统合为一个特有种类的统一构成者","最广泛意义上的人的心灵……应当包含了人们尤其能够理解为'精神'的东西",他在《人的心灵》(第4页)中这样说。一个"指向作为统一的整体构成者的人的科学可以冠以'人类学'的古老名称,当然它在现时代已经获得了不同的含义。[①] 这样一来,局限于对人的心灵和人的心灵生活之研究的纯粹心理学便是人类学的一个部分了"(第4-5页)。因而就其是一个心灵生物而言,人是普凡德尔的"理解的心理学"的真正对象。这也适用于"性格学的基本问题",普凡德尔在其中试图把捉到性格学的对象、任务和方法。

三

现在让我们来看一下普凡德尔对性格学的基本问题的看法。在进行任何性格学的思考之前都会有三方面的问题被提出来:1.研究的对象是什么? 2.研究的任务是什么? 3.它的方法是什么? 这些问题的排序不是偶然的。普凡德尔强调,在所有领域中处在开端的都必须是对对象或对象领域的意义规定。[②] 尽管如此,对所有这

① 此外,普凡德尔似乎对十九世纪早期的人类学构想做过考察。例如他看重并推荐苏贝迪森(D. Th. A. Suabedissen)的著作(根据阿尔弗雷德·施文宁格尔[Alfred Schwenninger]的口头告知)。

② 参见他本人在《现象学基础上的哲学》中的操作方法(A. Pfänder, *Philosophie auf phänomenologischer Grundlage*, hrsg. v. H. Spiegelberg, München: W. Fink Verlag 1973)。

些问题的回答都是相互关联的。在普凡德尔那里，这个回答的特征在于，以个体性格为科学起点，而且——这是核心部分——对个体性格与根本性格做出最重要的区分，后者只能在他那里找到。

性格学的对象是人的性格。而按普凡德尔的说法，"最普遍意义上的性格无非就是整个人的心灵的特有本质种类"（第 295 页）。构成这个定义背景的是普凡德尔对心灵之物（Seelischen）和心灵（Seele）的详细分析，他在其《哲学与现象学引论》中将它从其他现实性领域中提取出来，并在其《人的心灵》中做了详细的阐释。每个人的心灵，如经验所表明的那样，"都具有一个尤其为它所特有的本质种类，它或多或少清楚地表现在它的所有生活方向中"（第295 页）。性格学需要从对个体的性格的认识出发，而且必须一再地回返到它那里。只有这时它才能以合乎实事的方式达到它的真正目标，即达到普遍的规定。

与任何一门科学的情况相同，需要某种系统化才能使关于性格的认识成为一门可学习的科学。性格学家为了这个目标才踏上了不同的道路。最早的而且至今还为人所知的性格学是类型学。特奥普拉斯特（Theophrast）带着他的气质论（Temperamentenlehre）是最老的类型学者之一，他的划分还会一再地被思考，与此相同的还有性格学的首个作者朱利叶斯·班森（Julius Bahnsen）。恩斯特·克雷茨默（Ernst Kretschmer）的出发点是躯体构造与行为举止和体验的相互关系，斯普兰格（E. Spranger）和詹施（E. R. Jaensch）的出发点是生活形式和兴趣关系。海曼（Heyman）和维尔斯马（Wiersma）以及与他们相衔接的雷内·勒塞内（René Le Senne）从生命、情感和精神领域中的气质出发，而后通过对如此获得的三个极性(Polarität)的组合而提出一门类型学，它在法国非常流行。与这些主要是类型学的兴趣相对，其他心理学家走的是对人格的结构把握和划分的路线。克拉格斯在这里提出一种划时代的按照特性组来进行划分的做法。菲利普·勒尔施(Philipp Lersch)研究"性格的建构"。韦勒克(Wellek)从性格特征的极性入手。新近的研究，即现在主要被构想为"个体性心理学"的研究，则是对通常的个体性模式进行评论和批评(韦尔赫费[Wellhöfer]、罗特[Roth]、布兰斯戴特[Brandstätter])。

普凡德尔从一开始点就引入了一个先于所有这些起点的本质划分：对经验性格与根本性格的划分。他的首要关切在于说明用这个划分所指出的实事联系的意义。

属于一个人的经验性格的是他的在此时此地遭遇的全部心灵特质，他"现在确实是他在此时刻所具有的"所有东西(第295页)。在这里就已经离开了各种性格学通常都会带有的充满了厄运的静力学。性格必定在具体的交往中就已经被经验为因生命年龄而变异了的。它会受到本己意愿状况和外部影响的一同制约(我们可以设想例如住房紧张和供应短缺以及由此产生的共同生活中的好斗情绪)。人在其一生中所具有各种"性格特征"可能受到临时状况的制约。所有这些都会使经验性格发生变异，而如果我们在评判一个人时想要从字面意义的根本上了解他的性格的话，我们就必须格外地顾及这一点。在普凡德尔看来，其他的变异还包括非真正的特征或已经成为"第二本性"的"硬凑(Aufpfropfung)性格"。如果我们注意到所有这些，而且如果我们将所有非真正的、硬凑的和仅仅临时存在的东西当作性格的外围层次搁在一边，那么我们就可以提取出经验的"性格之核"。但即便是一个人的经验性格的核心特征也还可能有别于他"从根本上"之所是。在这里，普凡德尔自己举了一个我们在心理分析实践中熟知的例子："早期的青少年经历与命运会持续地使得一个人不同于他'在根本上'之所是。他的基本本质有可能在这个或那个方向上被不恰当地养成，被引向错误的轨道，被迷失，被扭曲了或被荒芜了。这时他的经验性格也会在他于此方向的核心特征中有别于这个人'在根本上'之所是，并且有别于我们现在想要称作他的根本性格的东西"（第 296 页）。这里要摘引普凡德尔自己的例子："例如，一个人有可能在其生命的大部分时间里在经验上都是真正地和根深蒂固地冷酷和乖张，而他'在根本上'却具有温和而渴望亲情的情感"（同上）。

现在，普凡德尔的核心关切是阐述根本性格以及它与经验性格的关系，因为"性格学的对象"实际上是"人的根本性格的属和种类"①。从一开始他就强调，根本性格也是某种实在的东西，是某种在时间中实存的东西，而不是像在康德和叔本华那里的知性性格那样作为一个未知的自在之物而处在所有时间的彼岸，仅仅在思想上被当作经验性格的基础（第 297 页）。②"个体的根本性格是人的心灵的原本个体特性"（第 299 页）。因此，一个人的个体的基本本质

---

① 在普凡德尔的遗稿中有一份关于他的 1924 年研究的详细内容概述，他在上面做了这样的笔记（C IV 11）。

② 这个划分在普凡德尔眼中有多么核心，这从他致阿尔弗雷德·施文宁格尔的书信中的一段话中表现出来："我当然是实在论者，也是批判的实在论者，但不是在屈尔佩（Külpe）和贝歇尔（Becher）所是的意义上的实在论者。由于我另一方面相信那些趋向于自身养成的基本本质的实存，我在许多哲学家眼中肯定也是观念论者。"（1927 年 1 月 3 日的信）

应当被视作有质性印记的，一个在全部现世生活中本质上始终稳定并构成此个体的现实同一性的印记。根本性格只会经历一个唯一的变化：它在生命进程中或多或少完善地和恰当地养成自身并且或多或少清晰地"显现在"经验性格中。个体性格是胚胎般地被安置在个别人身上的东西，它配备了某种在自身养成方面的渴望以及某种在自身养成方面的力量（第300页）。人们在这里或许可以联想到由亚里士多德引入的并被二十世纪自然哲学家重又抓起的生命圆极（Entelechie）的概念。诚然，人们在这里永远不应忽略，这样一个内在的原则始终已经与经验的领域相关联，而且两个领域在每个人的统一性之内始终是共存的。

普凡德尔着重指出，一个人的经验性格不仅是在自然生长中产生的，无论是以与根本性格相符合的方式，还是以偏离根本性格的方式，就像在所有心灵生物那里都会发生的那样（自然性格），而且它的生成始终也受到自由行动的自我的或多或少规定性的影响（自由性格）。由于人是一个人格的并因此而能够自身规定的生物，人们必须在人的性格上做两方面的区分：一方面是在没有自由意志作用的情况下产生的东西，另一方面是被人的意志所驾驭的东西。根本性格因此既不与自然性格相一致，本身也不与自由性格相违背。人格性并不是附加给人的根本性格的东西，而是人的心灵本身在根本上是一个人格的心灵，它的特有印痕（Prägung）是由根本性格来展示的（第300页）。普凡德尔在此语境中提醒人们注意，因此这是一个重大的错误，即"以为人们只要排除或摧毁所有外部的障碍，尤其是那些阻塞性的和迷惑性的文化状况，人作为人格就始终可以'自发'获得其相即的（adäquat）养成。只要自由行动尚未被召唤来进行协助，而且尚未在根本性格的意义上活动和在自由服务于根本性格的过程中起作用，那么不仅是人的弱点，而且人的人格的特殊本质本身都会阻碍真正相即的养成"（第301页）。从这个如此被强调的在一个人的自身构造上的人格共同作用的必然性出发，诸多辉煌的前景得以开显自身：一方面是性格学与教育学和心理学的生活咨询的关系，另一方面是性格学与伦理学的关系。①

　　这些关系而且尤其是根本性格的特质在性格学中很少受到关注，原因在普凡德尔看来是在于在性格学家们那里占主导地位的纯粹实践兴趣，它主要指向在一个特定的人那里未来可期待的事实性的行为举止。然而这取决于它的经验性格。"如果他们仅仅想知道，'应当对这个人抱有什么预期'，他在交往中会有哪些行为举止，人们可以用他来做什么，人们现在可以期待他有哪些成就，那么还有什么理由去关心他的那个尚未在经验性格中被养成的根本性格呢！"（第302页）显而易见，对于一种不是面对外部的行为举止素质，而是面对一个人的生存状态问题的心理学的生活咨询来说，这已经不再是充分的了。

　　但随着普凡德尔在个体性格方面获得的对根本性格和经验性格的划分，性格学的经验基础现在才得到了细微的分别和扩展，"它必须从这个基础出发并且一再地回溯到这个基础之上"（第295页）：对个体性格的认识。然后作为系统理论的科学，性格学所朝

---

　　① 普凡德尔在这篇文章的结尾处说明，伦理行为举止的必然性已经系泊在人的根本性格之中。关于自然性格和自由性格与伦理价值的关系可以参见他的《伦理学简述》（Alexander Pfänder, *Ethik in kurzer Darstellung,* München 1973, S. 37）。普凡德尔的伦理学既没有局限在意志设定上，也没有单纯局限在人的社会性上。

向的是普遍的规定。普凡德尔引入的第二个基本划分因而是对·个·
·体·性·格·和·普·遍·性·格·的划分（第 302 页）。对此也需要做出原则性的
澄清，在这里轮到逻辑学家和科学理论家普凡德尔出场了。[①]

　　普凡德尔做出的中心确定在于，不仅同样种类的个别性格特征
可以在多个人那里出现，而且在其特殊特质中的整个性格也可以如
此。因而存在着作为人的心灵的特殊本质构形的性格种类，就像是
不同的压模图样（第 302 页）。将它们提取出来是作为科学的性格
学的一个任务。这里我们触及前面已经提到的关于人的性格类型
的学说。"类型"（Typos）的含义恰恰就是普凡德尔用"压模图样"
（Prägemuster）一词来表达的东西：心灵的一个超个体的压模图样，
类似于被一个同类的铅字刻印出来。当然，几个人可以共同拥有一
个性格的"压模图样"，这一点并不会取消个体性格的差异性，同样
不会取消个体性格之差异性的还有这个事实：人的心灵一般的性格
（作为性格的最高的属）对于所有人来说都是特有的，它使得所有人
都是相同的。没有人仅仅是类型的（typisch）。但只有用普遍性格
来说明个体的个体性结构才能开启作为科学的性格学的工作领域。

　　有两点使得普凡德尔的构想突出于其他的性格学。其一是
在普遍性格那里也要顾及对经验性格和根本性格的区分。这构
成相对于"单线型的"类型学的一个本质区别。一般人（Mensch
überhaupt）的性格也必须被理解为根本性格和经验性格。普凡德尔
用这个确定击穿了所有片面的人类学的经验主义。将人的总体性

---

　　① 例如需要关注第 303-304 页上在抵御对性格种类的习常错误理解时所做的澄
清；而如果将这类只有在现象学家这里才可以发现的划分当作吹毛求疵而绕开去，这终
究会对相关科学造成损害。

格明确地考虑为"最普遍的方式，即一般的人作为心灵生物充实他的存在并对他自己和他者持有态度的方式"（第 303 页），这是在普凡德尔的构想那里需要强调的第二个特性。"人的这个性格也完全属于性格学的对象，即使性格学至此为止对它忽略不计"，他自己这样强调说（第 303 页）。

这里只能简短地再考察一下普凡德尔对性格学基本问题丰富的和进一步的展开。

普凡德尔将性格区别于一批不同的性格特征，区别于它在心灵生活进程中的"证实"，以及它的"表达"，从这些表达中我们通常会在表情、手势、步态、说话方式中读出性格。从这里区分出一个性格的"印记"，就如它在作品和产品中以客观化的方式所展示的那样，例如在服装和住宅中，同样在笔迹和艺术作品中。

每个人的根本性格都在各个发展阶段的特定顺序中急迫地涌向养成。[①] 这是在与根本性格和其他因子的相互作用中进行的，与此同时，事实的养成却只是实现了多种可能中的一种。事实的发展进程并不始终与它的理论-理想的发展进程相一致；首先要研究的是后者。

就通常理解的性格学的任务而言，普凡德尔确定，它的目的应当仅仅在于存在认识，而不在于价值认识或应然认识。即使性格具有价值并且也被评价，就像它们看起来也像是各种要求的目标对

---

① 这里至关重要的是普凡德尔的指明：人的总体性格自身包含了各个年龄阶段的各种不同的根本性格，并且由此出发也在特定的秩序和意义的统一中急迫地涌向它的完全养成（第 320-322 页）。根本性格因而不能仅仅从成年人的年龄出发来刻画，而是以变化的方式在所有生活时段中出现。

象，但性格学在无损于一门性格的价值论和一门性格的法则学的可能性的情况下将自己理解为理论-系统的科学。它需要追求理解的认识，但不是在一门致力于对历史上出现的个体性格之认识的历史科学的意义上，而是指向关于人的性格及其种类的普遍认识。在这个框架内从以上所说之中产生出性格学的任务，并且被普凡德尔概括在两句话中（第307页）："它首先需要从经验性格出发认识地递进到深处，直至达到根本性格；另一方面它需要从性格的种类中上升到高处，直至达到人的性格一般，并且在这里的普遍之物的高处既认识经验性格，也认识根本性格。""它需要系统地—理论地研究人的性格的本质、构造、个别特征、种类与变异、发展，以及人的性格与它的分化、它的证实、它的表达和它在外部功能产品中的印记之间的关系。"

　　性格学的方法也以上述基本确定为定向。作为不可忽略的本质前提，普凡德尔提到特殊的才华、教养与培育，以及对所有自然束缚性的摆脱，它们有可能改变观看性格的目光（第308页）。之后他还勾勒出对一个个别人的经验性格及其复杂结构之认识的各个道路站点（第308-309页）。但性格学的认识要想达到它的目的，还必须与此相衔接地在两条道路上继续前行："一方面它必须从这个人的经验性格推进到他的根本性格；另一方面它必须从个体性格上升到人的性格的两个种类和属上"（第309页）。普凡德尔将第一条几乎未被关注过的道路称作理论的理想化的道路，将第二条道路称作总体化的道路。

　　理论的理想化的操作方式既不是将单纯的思想假设主观地加入到对经验状况的解释中，也不是对经验状况的评价，而是"理想化的理论建构行为听命于这个构成物本身的一个被把握到的要求"
（第312页）。① 由普凡德尔勾勒出的操作方式从对经验性格特征的
实事指明中开启了在三个方法步骤中的实在地被设计的、虚拟的根
本性格。这里十分有趣的是普凡德尔的这个确定，即：在日常生活
中和在科学中，在植物和动物那里，以及同样就人的身体而言，我
们都始终在从事着相应的事情，而在人格这里，实践的兴趣却将我
们束缚在经验性格上，此外还存在着——作为十九世纪下半叶的遗
产——"一种隐蔽的认识胆怯（Timidität）"，"它会痉挛般地反抗
对基本本质和根本性格的认识，因为它以为因此而会失去现世实存
的坚实基地"（第314–315页）。

　　所有这些都一并对总体化的操作方式具有意义，必须在这种
操作方式中获取对人的性格的种类和属的认识。因为，相对于生物
并因此也相对于人的性格，这种操作方式以理论理想化的认识为前
提。由于从来没有证明过，被构想的图像也会表明性格的真正种类
（第315页），所以人们不能从经验性格出发直接进行总体化。因为
一个经验上现存的标记，例如外向（Extraversion），不一定是种类
规定的，它也可能是第二性地被接收的习性。普凡德尔尤其强调指
出，即使在对人的总体化过程中也应当将人不仅作为生物，而且也
作为人格来观察。不仅是经验性格，而且相应地还有根本性格，都
必须被认识为由自然性格和人格性格组成的统一（第319页）。那
些在他看来正相对立的困难被哲学家普凡德尔清除了；在这里再次

---

　　①　与这个操作方法相关，普凡德尔在他的笔记（C IV 13/22. 8. 24）中也有一次使
用了可以追溯到胡塞尔《逻辑研究》第二研究中的术语："观念化的抽象"（ideierende
Abstraktion）。

表明了在科学奠基方面的哲学反思的必要性。

四

　　普凡德尔自己还对性格种类做了一个有趣的贡献，它受到的关注还较少。

　　为了查找出真正的、正常的性格种类，即那些我们可以根据它们来从性格上把握人的性格种类，普凡德尔提出以下条件：在人的心灵一般方面必须关注心灵生活的各个层面、功能和对象领域，并且把握它们的变更和相互秩序，而这必须在正常者的活动空间之内和在对现实的种类构成的标记的追索中发生，即那些建基于相关心灵种类的基本本质之中的标记（第323页）。对于这个任务的实施，普凡德尔给出了几个重要的指明。众所周知，性格学家在确定个别的变更方向时会受到束缚在自己性格中的沉定状态（Versunkenheit）倾向的妨碍，而他必须尝试去摆脱它。[①] 相反，如今很少受到关注的是普凡德尔的第二个指明，即避免自己受到心理学的各个现时状况的束缚。"人们必须有勇气也去查明这样一些性格标记，它们根本没有在现存的心理学中被安顿，因而也根本无法借助于它来被找到"（第323页）。[②] 对于"这是一个什么样的人？"的问题的性格刻

---

　　① 普凡德尔是一个好的观察者，他在其《逻辑学》（第39节）中给出这种沉定序列的一个例子：在不同性别之间的典型非逻辑的相互指责，如果它们没有注意到，存在着对它们而言的说话和理解的性格方式。当然只有一种逻辑学，但在根本上有不同的实践它的方式。

　　② 也是出于这个原因，"个体性心理学"这个称号对于性格学领域而言不是没有问题的。

画式的回答大都是在没有学院心理学帮助的情况下给出的。

由普凡德尔贡献的性格标记——或者不如说标记领域——有以下五个：1.人的心灵的大与小，它的完形；2.心灵的材料本性；3.心灵的生命河流的种类；4.性格的紧张；以及 5.心灵之光。[①]普凡德尔也认为用一个人的"类别"（Kaliber）的表达可以切中人的心灵的大或小的总体。但在总体的框架内一个人的各个不同的方面和领域都重又具有不同的大小，由此而产生出一个特殊的完形。与此相应，普凡德尔的特殊原创性还表现在对心灵的材料本性的性格刻画上。在被把握到的基本材料性之内，人的心灵的不同部分重又可能属于各个不同的材料种类。但所有这些也可以出现在非真正的和硬凑的变异中。关于一个人的心灵之物的材料本性的陈述涉及"它从中被雕刻出来的木头"。它可以是"橡木般的"或"红木般的"，但也可以是"钢丝般的"、"丝绸般的"或"水银般的"、"粗颗粒的"、"有弹力的"，如此等等。因而普凡德尔用来自物理物质领域的表达来描述各种不同的心灵材料种类，他自己将此形象地称作转用（Übertragung），在此过程中会有一个参照物（tertium comparationis）被清楚地感受到。人们在这里也可以随黑德维希·康拉德-马佟尤斯去谈论实在本体论的种种规定。[②]此外，这种类型的质性化在笔迹心理学中早已作为"印象性格"（克拉格斯）或

---

① 所有这些特质都显现为可诊断的笔迹表达现象并因此而是笔相学（Graphologie）或笔迹心理学的固有教材，它们在普凡德尔看来都是性格的"印记"。

② 参见在其《实在本体论》（Hedwig Conrad-Martius, *Realontologie*, Halle 1924）中，尤其是第三章中的相应性格刻画方式。——此外，这是普凡德尔本人已经注意到的一种平行性（参见存于黑德维希·康拉德-马佟尤斯遗稿中的 1919 年 3 月 9 日的明信片，藏于慕尼黑巴伐利亚国家图书馆）。

"直观内涵"（维特尔）而获得了对于笔迹的"感质"（Quale）而言的合法地位。心灵的材料本性按照普凡德尔的观点属于经验性格的稳定特征；每个心灵材料本性都需要"一个恰当的外部气候才能相即地被养成"（第 326 页）。——另一个标记领域是心灵的生命河流的种类。普凡德尔在这里补充说明："从以上所述可以看出，人们所说的气质（Temperament），本质上就涉及心灵血液及其进程的种类，因而关于气质种类的学说完全就是在关于心灵的生命血液、它的温度和它的流动的这一章中开启的"（第 329 页）。对此的一个有趣例子在于，一个看起来没有得到充分论证的传统学说——作为"体液论"的气质论——在这个新语境中重又获得一个意义。——带着上述规定性，在普凡德尔看来，已经有一个特定的紧张、一种心灵的张力关系在某种程度上被给予了，同时这里又要将性格的根本紧张区别于在心灵中对张力的一种内部划分。普凡德尔区分在心灵主体与自己的身体、与外部世界和其他人、与自己本身和与上帝之间的不自觉的张力关系，以及位于自由活动的自我中的三种人格压力。在这里，如果我们读到以下的阐释，我们会联想起心理分析的人类学基本构想——自我作为在埃斯（Es）与超我（Über-Ich）之间的审核机制："人的人格作为人格包含了一个三重划分。自由行动的自我一方面在自身之下仿佛有着心灵的自身驱动，而另一方面在它之上仿佛漂浮着那些已知悉的尽责要求。它在两个方面都自动地被束缚，但即使有这个束缚仍然可以自由地在两个方面采取立场，这里的本质区别仅仅在于，当它放松自己并且放任自己时，它会被自身驱动所吸引并且被其利用，而在相反的情况下，它绝不自发地听从那些尽责要求的指派，而是只有通过自由的自身束缚才可能献身于它们"（第 332-333 页）。普凡德尔在这里指出这个论题涉及其中的"人的特殊伦理性格"；这里可以成为区分弗洛伊德的所谓"超我"的规范伦理学与真正的、植根于经过形而上学论证的人与宇宙之统一中的意义关系的伦理学的一个起点，普凡德尔显然看到了这一点。但在我们再次回到这一点之前，还要提到普凡德尔引述的第五个标记领域，即他所说的"心灵之光"。紧接着至此为止对人格心灵生物及其特质的阐述，普凡德尔补充说："我们现在可以说是必须让这个生物睁开眼睛，以便内在的心灵之光向外投射到它的恰当外表上，照亮意向对象世界的各个领域，从而为多重的心灵的交互关系开辟自由的轨道，而这个人格生物连同它在其所有心灵区域中的所有功能都会在此轨道上驶向意向的对象世界"（第 334 页）。但这个光，这个不仅处在从心灵主体中射出的目光之中的光，同样可以有十分不同的种类。实在接触的主观方面可以在这里表达出来。不过除此之外普凡德尔还如前所示地暗示了在人格与世界之间产生的并塑造着与世界相关的人格性的种种相互关系。尽管性格学的真正领域已经因此而被跨越，由于这些关联对于性格学家来说同样是有意义的，因而还是应当对此做一简短的探究。

<h1 style="text-align:center">五</h1>

　　普凡德尔在其他地方曾描述过，人作为人格的、心灵的生物在多大程度上是在与宇宙的形而上学统一中受他的基本本质的束缚。对于经验的人来说，这里始终已经有特定的在先被给予性，也

包括要求建基于其中, 它们包含在他自己的根本意志中, 也就是说, 它们不是作为异类的规范而从外部走向人格的。"这个根本意愿(Grundwollen)现在根据人的特有本性而作为一种应然(Sollen)出现。因为精神的基本本质作为它的创造物而将自己与精神中心对立起来并且让它有设定其他目标的自由, 但同时赋予它以倾听根本意志(Grundwille)并将其完全接受到他的经验意志之中的能力。所以只要这个永恒的、精神的根本意志尚未被精神中心完全接受到自身之中, 它对于精神中心就必定显现为尽责的应然。"① 这段文字十分直观和清晰地蕴涵着这样的想法: 在这个关系中, 人在其处世行为中若将对客观论证过的应然的实现称作善, 将相反的决定称作恶, 那么他在"善"与"恶"的选择上就不是绝对自由的。人会清晰可闻地被召唤向"善", 并且仅仅具有违抗这个召唤的可能性。这个在经验现实中常常很难被听到的召唤本身却并不含有任何有意违抗的东西。②

在上述段落中, 普凡德尔最后用一个在上帝、人与世界之间的

---

① A. Pfänder, *Philosophie der Lebensziele,* Göttingen 1948, S. 186.

② "本己的自由行动的自我被发现是以特有的方式被束缚在一个特定的(被表象的或被想象的)行为上, 并且接下来获悉, 这个行为对于自己本身是绝对有束缚力的, 因为在本己内心中, 比自由行动的自我更高一级的本己的养成冲动(Auszeugungstrieb)在向它清楚地提出这个要求。本己的自由行动的自我的行为既可以对伦常应然是开放的, 也可以是对它封闭的。但封闭性并不妨碍自由行动的自我尽管如此还会获悉这个伦常应然。

被发现的伦常应然不是一种自由行动的自我在被要求的行为上的实在束缚状态, 因为自由行动的自我可以并且还应当是自由地去做或不做那个被要求的行为。

因此, 如果自由行动的自我的自然束缚性或一种对自我的作用被感知到, 那么这个感知肯定不是对伦常应然的发现。伦常的应当做(Tun-Sollen)因而不是实在的东西, 尽管是被感知的东西。这是某种意念之物(Ideelles), 尽管是在一个实在心灵的发现行为中被发现的东西。"(A. Pfänder, *Ethik in kurzer Darstellung,* München 1973, S. 141)

总体的尽责关系来修饰宇宙中的人的图像，尽管它不再属于一门经验的性格学，但却勾画了人的人格"养成"应当在其中被思考的框架，只要这个人格遵循它的天赋的目的（Telos）："人在其基本本质中处在与其他人和上帝的统一中。但现在我们看到，人作为精神生物也以此为目标，不只是任意地利用亚人类的生物，即无生命的和有生命的自然，而是也要按照它们的本质和观念来对待它们。而人们在继续努力，同样去帮助那些仰望着他们的亚人类有生命自然的基本本质的养成。因而在这里也因为所有生物的形而上学统一而与个体的养成相联结的是这样的努力，即也去帮助其他生物养成其本质。"[①]可以补充说，正如普凡德尔在他的著作《论志向现象学》（*Zur Phänomenologie der Gesinnungen*）中所描述的那样，通过对来自在每一次现时生活中的基本本质之召唤的实现和拒绝，人便形成了那种作为他的高志向和低志向而有别于各种不同方向的"志向"的东西。

六

如果想要正确地评估普凡德尔的基本思想，就必须将他的阐述与其他作家的性格学进行比较。当然，如果人们没有在自己的追复进行（Nachvollzug）中赋予那些思路以相应的直观性，那么他的构想就不是容易理解的，往往带有令人困惑的细微区分，而后在科学家的枯燥语言中是令人疲惫的。但这样一种辛苦会带来回报，因为

[①]　A. Pfänder, *Philosophie der Lebensziele*, S. 165.

普凡德尔会在一个总体构想中带来一些东西，它们是其他性格学家往往只是抓住了一角，甚至根本没有抓住的东西。

对于教育以及对于心理咨询来说，至关重要的区分是在现在的性格与它的被安置在根本性格中的发展可能性。经验性格的静态形象据此而得到克服，始终以自然方式固定下来的判断也受到挑战。同时，普凡德尔还为对生活年龄的时段类型的引入和考虑打开了大门。

对于这种没有被固定在经验的现象图像上的构想来说，不可或缺的是对经验性格和根本性格的进一步区分。我们在诊断中必须认识那些留有不恰当环境规则印刻的东西、仅仅外在地被接受的东西、"硬凑的东西"本身，以便根据其基本本质来区分真正的性格，这对诊断者来说显然是一个很高的要求。然而，正是这种将根本性格从个体的如在（Sosein）中突显出来的做法才使我们有可能在"朝向自己本身"的方向上教育人和劝告人。因而它也使个性形成、咨询帮助有可能成为人的身份发现。它据此也同时保证了在心理诊疗术与性格学之间的桥梁，并将后者安置到如今常见的在生活帮助领域里的咨询-活动之中。

本质性的还有对这个构想的补充，即通过已经系泊在基本本质中的人格概念，通过对一个构造性的、价值相关的和因此而有尽责能力的自我的考虑来加以补充，这个自我既没有在原初的心理分析中，也没有在以生物中心为基础的性格学中被采纳。

这个规模宏大的构想的另一个长处是有尽责能力的人格的生长（Ausspannung）不仅朝向社会环境，而且朝向整个宇宙。如果这个人与世界的关系在克拉格斯那里是片面地被看到，并且是以人际关系为代价而受到过分强调的，那么普凡德尔则将它有机地纳入人与世界关联的总体之中。这里当然还包括克拉格斯出于意识形态的原因所不具有的，以及其他性格学家出于科学-方法的原因而未提及的：普凡德尔将人视作一种人-上帝-世界的关联，唯有它才使得一种责任成为可能，因为那个人应当在其面前尽责的机制是会被人体验到的。

带着这种应然，普凡德尔的性格学导向了他的伦理学，它会在另一个语境中得到处理，但它有机地属于这个事业的总体。

最后还需要提到在科学性的要求中不可或缺的东西：普凡德尔给明了能够使心灵领域可被经验到的种种方法。在为进一步工作完全敞开了充分可能性的同时，普凡德尔在这里表明自己是进行反思的现象学家，他从被探问的对象导出方法，他尝试不将它覆盖在那些处在流行方法论之前理解中的对象上。

心理分析是以病人为起点的，并且因此不能从对"未受干扰者"的观察中获得他们的基本结构。很容易理解，这会导向部分是片面的、部分是扭曲的人的形象；就是医生也不会去研究畸形人的解剖学！各种调整逐渐地导向在深层心理学中的一种越来越细分的对人的形象的补充。然而无论是一个心理诊疗师，还是一个教育家，都不应该错过类似普凡德尔性格学这样有基础的性格学所带来的丰富教益。这里需要做的并不是用一个新的思维模式来取代一个思维模式，而是从人的基本结构出发根据新的原本经验来反思和分别各种流行的思维模式。

这个"性格学的基本问题"的研究满足了它用其标题提出的任务。亚历山大·普凡德尔的性格学并不是为实践者撰写的方便性格学，不是为性格学者撰写的日常使用的工具书。但他透彻地思考了处在微妙的联系中的性格学和个体心理学的基本问题，就像这些联系由人的心灵的结构在先给出的那样。谁以研究的方式或以咨询的方式与人打交道，谁就不应当无视这些关于此类联系的思考。在其自身养成、通过环境与命运的塑造以及人格的驾驭的演替发展进程中，心灵始终是一个有机体，它与所有生命物一样，急迫地涌向自身实现，而且它也与所有生命物一样，只有在同时的世界实现中才能找到自身实现——作为一个宇宙的部分，在这个宇宙面前，人因为他的理智而是主人，因为他的良知而是仆人。

附录：关于普凡德尔性格学遗稿的说明 *

　　从遗稿资料中可以看出，普凡德尔在 1936 年 4 月初已经为一个"关于性格学的简短引述性论著"而与一个出版社建立联系。这是普凡德尔最后计划的一个方案，但它没能再得到实施，因为他的心脏病在 1936 年前后的危险转变使得普凡德尔不可能再继续进行学术研究。

　　根据普凡德尔的笔记（C IV 14/44），应当与出版社的愿望相呼应，不要提供对个别性格类型的详细阐述，而要说明，"哪些要素参与了人的'心灵'的构形"，"人的生活为我们提供了人的性格的哪些活动方式"，以及"哪些多重形态在整体的个别性格中……得到统一"。同时，也是按照出版社的愿望，这部书应当"就一个特别

---

　　* 此附录为译者据原文第 5 条注释所加，请参见本中译本第 85 页注释 ③ 的说明。

领域提供严格科学的知识"，并且应当是"一个简短的科学手册"。它应当用于"对科学的思想财富的开发，对专业世界的最新问题和科学问题的指明"，应当包含一份"关于最主要的和最新的著述的文献概览"，应当具有"超出学院范围的公众可理解性"，并且"也从外部指明材料的内部划分"。为此，普凡德尔还一心想要为该书"配备一系列的插图"，在这里他考虑用各种材料种类、植物和动物来做直观展示。他在 3 月和 4 月期间也已经开始制定一个关于性格学的最新文献的概览，并做了以下著述的详细摘录笔记：汉斯·普林茨霍恩（Hans Prinzhorn）的《当代性格学科》、埃米尔·乌悌茨（Emil Utitz）的《性格学》、路德维希·克拉格斯（Ludwig Klages）的《性格学基础》、理查德·穆勒-弗赖恩费尔斯（Richard Müller-Freienfels）的《贴近生活的性格学》，以及其他一些著述，还记录了针对克拉格斯的一系列批评问题。此外，他在 3 月开始按其习惯写下关于这部书的计划内容的准备笔记。

从这些笔记可以看出，普凡德尔在基本纲领方面回溯到他 1924 年的文章上。不过在其中还是可以发现有趣的附加视角，其中几个需要在这里提及。（以下的编号的最后一位给出的是页数，在没有页数的情况下是该页张的日期。）

1.普凡德尔更为详细地探讨了性格这个语词的含义以及对它的不同使用。从作为特质的"Charakter"（性格、特征）的最普遍意义出发，最初也讨论了无机材料、植物和动物的特征（C IV 14/41）；可能是要借助计划的插图来唤起性格定义的意义。在另一处（C IV 14/35）还对此做了详细阐述的笔记："性格＝持久的特征标记，一个对象的特有性，它出现在一个对象的个别表现形式和作用中：一个对象的'本性'、'本质'",直至"意欲的人的特质,它出现在他的行动中"。如果这里首先考虑的是一个比在性格学中更全面的意义,那么普凡德尔在另一方面将日常用语的特殊词义排斥在外:"在狭窄的意义上,性格是:a)本质种类与伦理规范的关系(伦理性格);b)重大独立性的意志方面、固定性、方向的统一性"(C IV 13/23)。再次简短地概览总体:"性格:1)意志;2)伦常意志;3)个性;4)一个对象一般的特质。个性 = 心灵 + 自身意识到的自我"(C IV 12/4)。

　　2.在性格学的定义方面,首先更有力地将人作为具体的总体生物考虑进来。性格学是"关于作为身体—心灵—精神人格的人的性格的科学。不是唯独作为躯体的人,⋯⋯唯独作为身体生物的人,⋯⋯唯独作为心灵生物的人,⋯⋯唯独作为精神生物的人。而是人作为由躯体、身体、心灵、精神、人格组成的统一整体"。接下来还做了阐释:这指的是什么,以及它与普凡德尔以前对作为人的心灵的特有本质种类的性格的定义处在何种关系中:"唯独人的躯体的'性格':它的大小、它的重量、个别躯体部分与大小和重量的关系、它的颜色、它的气味对于他的真正性格而言只有在以下情况中才会被考虑:1)这个躯体对于心灵主体来说是被意识到的,看起来它对这个主体来说具有一个价值或非价值,看起来它对这个主体来说是有妨碍的或有促进的,如此等等;2)这个躯体对于身体的生物来说并因此直接对于心灵生物来说具有意义;3)它直接或间接地对于精神人格来说具有意义。类似的情况同样也适用于人的身体生物的性格、人的心灵生物的性格"(C IV I 15 1)。这里的划分所起的作用要比普凡德尔在《生活目标的哲学》中的划分更有力:对身体、心灵、精神的基本本质以及各个相应的经验特质的分离目光。

广义上的根本性格可以运用在所有这些领域，就像普凡德尔前面在人的躯体那里所做的那样。性格学因此而更有力的被嵌入到整个人类学之中。

3.普凡德尔更详细地分析了具体的对人的性格的认识。它不是通过直接的、感性的感知来进行的，但也不是通过单纯的思维以及不是通过建基于感性感知之上的推理来进行的，而是"在其他人那里通过对在可感知的现象中宣示自身的性格的经验，在自己这里通过在被感知的本己的外部之物中……通过在被感知的本己心灵的内部之物中的沉定，通过对本己过去的行为举止的回忆和对在其中表现出的本己性格的把握"(C IV 14/8)。对本己性格的认识是相对困难的，对他人性格的认识则相比较而言最好是在相识的死者那里(C IV 14/6)。也有一种对人的性格而言的特殊盲目性(C IV 15/29.4.36)。

4.普凡德尔区分天生的和遗传的性格(C IV 14/39)，因而它们不可以被等同视之。因而绝不能对原初的性格印记做生物学-发生学的推导。

5.普凡德尔最终还记录下一大批不同的性格标记和性格领域，这里无法对它们做更进一步的评价。

还需要说明，在为1924年的出版所做的准备工作中也可以找到一系列有趣的、进一步的提示和确切的表述(前面已经引述了出自C IV 12和13的两个表述)。十分希望能重新出版"性格学的基本问题"，届时这个新版也应当附加一个摘自1924年和1936年草稿与笔记的文选。

附录二　性格现象学的问题与可能

倪梁康

一、引论：人格与性格

意识发生现象学的基本内容是人格（Person）与人格性（Personalität）生成问题的研究，在扩展了的意义上也包括交互人格（interpersonal）问题或人格性的社会向度问题研究。我们基本上可以确定，胡塞尔于 1916 年离开哥廷根到弗莱堡任教，从那时起就在发生现象学方面有了基本构想和实施。十五年后，他在 1931 年 1 月 6 日致亚历山大·普凡德尔的信中回顾性地写道，"在尝试对我的《观念》（1912 年秋）的第二、三部分（我很快便认识到它们的不足）进行改进并且对在那里开启的问题域进行更为细致而具体的建构的过程中，我纠缠到了新的、极为广泛的研究之中"（Hua Brief. II, 180）。接下来他列出了一系列的研究计划，其中第一个便是"人格现象学与更高级次的人格性现象学"，接着的还有文化现象学和人类周围世界一般的现象学，超越论的"同感"现象学与超越论的交互主体性理论，"超越论的感性论"作为世界现象学，即纯粹的经验、时间、个体化的世界现象学，作为被动性构造成就理论的联想现象学，"逻各斯"现象学,现象学的"形而上学"问题域,如此等等。

所有这些都属于胡塞尔于弗莱堡期间在芬克协助下构想的"现象学哲学体系"的著作工程。① 按照出自胡塞尔本人之手的简略方案,全部体系著作至少由五卷构成。我们在这里至此为止讨论的内容主要与前三卷有关。而人格问题是直至在第三卷的结尾处才出现的:"作为唯我论抽象的本我的自身发生。被动发生、联想的理论。前构造、在先被给予的对象的构造。在范畴方向上的对象构造。情感构造与意欲构造。人格、文化——唯我论的。"②

我们在这里的意识发生现象学的研究工作至此为止也仅限于所谓"唯我论"的人格领域,而这个领域已然构成一个复杂庞大的集合体。

在胡塞尔的体系著作计划中并没有发现现象学的性格研究的位置,尽管在二十世纪二十年代中期的《现象学心理学》讲座和后期的《笛卡尔式沉思》的著作稿中胡塞尔也零星地谈到性格问题。对此我们会在后面涉及他的本性现象学和习性现象学时再继续讨论。这并非是偶然的编排,因为按照我们的定义与说明,人格是由本性与习性组成的个体精神特质。人格中的一些具体的本性与习性会表现得相对强烈、明显和稳定,这就是我们所说的"性格"。这里的思考是在普凡德尔的背景中产生的,仅仅涉及与此相关和相近的问题。事实上,胡塞尔意义上的本性-习性-性格现象学需要另文专门论述。

---

① 对此可以参见笔者的论文:"胡塞尔弗莱堡时期的'现象学哲学体系'巨著计划",载《哲学分析》,2016年,第一期。

② 参见同上书,第56页。

　　在每个人身上，人格基本上都是单数，多重人格的情况也有，但属于异常或病态；而性格则必定是复数，一个人不太可能只有一个性格。当然，这在某种程度上也取决于我们如何进一步定义这里要讨论的"性格"。例如，如果我们像普凡德尔那样区分"经验性格"和"根本性格"，那么就必须更为确切地说：一个人必定有许多"经验性格"，而"根本性格"则很可能已经无异于"人格"了，因而只能是一个。我们接下来会展开讨论这些问题。

　　在下面的讨论中我们也会看到，在性格研究中，现象学的方法会遭遇特殊的困难，而且这些困难与生物学和心理学的性格研究方法所遭遇的困难有本质上的不同。我们会展开对这种方法上的困难的讨论和分析，并且回答这样一个问题：胡塞尔是否看到了这种困难，而且了解在意识现象学内解决它的难度，因而放弃了将性格现象学纳入意识现象学体系的规划？这也意味着，性格可以成为心理学的讨论课题，但是否可以作为现象学的讨论对象，这还是一个问题。

　　对此问题的回答最早是由普凡德尔给出的。无论如何，在早期现象学家那里，性格研究由于普凡德尔的关注而已经在现象学哲学体系中占有了一席之地。

二、普凡德尔的性格现象学研究

　　在现象学运动的早期，亚历山大·普凡德尔是最重要的成员之一，其地位仅在舍勒之后。而且由于其他几位重要的现象学和心理学代表人物的病故（利普斯）、阵亡（莱纳赫）、调离（盖格尔），或弃学务农（道伯特、康拉德-马梯尤斯），普凡德尔后来实际上是慕尼黑现象学和心理学的唯一代表人物。

普凡德尔在几个哲学领域的工作为世人留下了重要的思想遗产。这些思想可以按发表的顺序来排列：1.意欲现象学，2.主观心理学或人的心灵学，3.志向／心志心理学，4.逻辑学，5.性格学，6.伦理学。其中在第三项和第四项方面的主要阐释都是发表在胡塞尔主编、普凡德尔本人担任编委的《哲学与现象学年刊》上。而在性格学方面，他的长文"性格学的基本问题"则是于 1924 年发表在埃米尔·乌悌茨（Emil Utitz, 1883-1956）主编的《性格学年刊》的创刊号上。①

就总体而言，普凡德尔是一位心灵哲学家，就像胡塞尔就总体而言是一位意识现象学家一样。在普凡德尔的心理学与胡塞尔的现象学之间有许多共同的地方。最主要的一点在于，他们的思考都可以纳入普凡德尔所说的"主观心理学"的范畴，并在这个意义上处在所有流行的自然科学心理学和"客观心理学"的对立面。因此，普凡德尔不仅是最早理解胡塞尔现象学思想的人，也是最早理解胡塞尔现象学还原方法的人。②

但普凡德尔的心理哲学与胡塞尔的意识现象学仍然有不同之

---

① Alexander Pfänder, „Grundprobleme der Charakterologie", in Emil Utitz (Hrsg.), *Jahrbuch der Charakterologie*, Berlin: Pan-Verlag R. Heise, 1924, S. 289-335.——乌悌茨属于布伦塔诺学派，与普凡德尔、舍勒、胡塞尔等现象学家都有来往。他主编的《性格学年刊》从 1924 年开始到 1929 年截止，一共出版了六辑共五卷，其中第二、三辑是合刊。——下面引用该文仅在正文中括号标明简称 GC+ 页码，该页码即前面中译文的边码。

② 关于普凡德尔的思想以及他与胡塞尔的关系可以参见笔者的论文"意欲现象学的开端与发展——普凡德尔与胡塞尔的共同尝试"，载《社会科学》，2017 年，第二期。

处。他们有各自研究的精神领域，这些领域有相互交叉的部分。但需要将两个精神领域再加以扩展，甚至再扩展，它们才可能彼此完全重合。

性格学的研究是普凡德尔整个心理学研究或人的心灵研究的一个重要组成部分。就现有的资料来看，他在这方面上没有受到胡塞尔的影响，也在这方面未对胡塞尔产生过影响。

专门论述性格学的文字在普凡德尔那里只有两份，一份是上述发表于 1924 年的"性格学基本问题"，另一份是他 1936 年 3 月至 8 月期间为准备出版一部"关于性格学的引论著作"而写下的手稿。但由于心脏问题，普凡德尔最终未能完成这个计划。[1] 但如慕尼黑心理学家和现象学家阿维–拉勒芒夫妇所说，"普凡德尔对这个论题所做的阐述并非偶然产生，而且不是一种补遗"。[2] 在"性格学基本问题"之前和之后，前引普凡德尔著作《志向心理学》(1913/14 年)和《人的心灵》(1933 年)都包含对人的性格问题的相关阐述。

在展开具体的讨论之前，这里首先需要回答一个问题：普凡德尔的性格学研究是否可以被称作"性格现象学"？我们以往在胡塞

---

① 普凡德尔的所有手稿，包含性格学研究在内的，后来由慕尼黑国家图书馆手稿部收藏。近年受中山大学和浙江大学的现象学文献馆委托，这些手稿已经由慕尼黑图书馆手稿部扫描和数码化，现在收藏在上述两个大学的现象学文献馆中。全部手稿现在共有 144 份，每份文稿的页数从 1 到 600 多大小不等。其中 1936 年的性格学手稿的编号分别为：C IV 14, 15。此外还有 1924 年的"性格学基本问题"、1924 年"论性格学"、1925 年"性格学与笔记"三份手稿，编号分别为：C IV 11, 12, 13。

② Ursula und Eberhard Ave-Lallemant, „Alexander Pfänders Grundriss der Charakterologie", in Herbert Spiegelberg und Eberhard Ave-Lallemant (eds.), *Pfänder-Studien*, The Hague / Boston / London: Martinus Nijhoff, 1982 (S. 203-226), S. 204.

尔那里也曾遇到是否有"历史现象学"与"法权现象学"的问题，因为他自己并没有使用这些概念。普凡德尔那里的情况也是如此，尽管他在 1900 年就早于胡塞尔而使用了"意欲现象学"的说法，但在他的性格学长文中并没有出现"性格现象学"的概念。名称问题当然只是次要的问题，在这里主要是关系并取决于首要的方法问题，即普凡德尔他的性格研究和性格分析中使用的手段是否属于现象学的方法。

这里可以给出一个初步的回答：如果意识现象学的方法由两方面构成：作为超越论还原的反思和作为本质还原的本质直观，那么普凡德尔的性格学研究基础部分毫无疑问首先是描述心理学意义上的"性格现象学"，接下来才可能是他所说的"性格价值论"和"性格法则学"。而且他的性格学也有别于实验心理学和心理分析及其实验观察方式，因为普凡德尔的性格研究主要是在对本己主体的反思和对他人主体的同感理解中进行的。此外，在阿维-拉勒芒看来，对科学的性格学的发展做出最初推动的路德维希·克拉格斯（Ludwig Klages）与普凡德尔在性格学方面的思考可以被分别标示为"性格表达学"和"性格现象学"，并认为有必要对它们之间的关系进行比较研究。[①]

所有这些还会在后面得到更为清晰明确的说明。而我们下面关于性格现象学的阐释和论述，将会在许多方面依据普凡德尔在"性格学的基本问题"中给出的相关纲领和思考路径。

---

① Ursula und Eberhard Ave-Lallemant, „Alexander Pfänders Grundriss der Charakterologie", in a.a.O., S. 222f., Anm. 3.

三、性格现象学的对象与分类

西文中的"性格"与"特征"是同一个词（英：character，德：Charakter，法：caractère）。而中文中的"性格"与"特征"则是两个不同的词。一般说来，"性格"被用来标示一个人内心包含的特质，而"特征"则被用来标示一个人的外部显现的特点，更进一步用于外部事物或物体的性质、属性、状态等。也因此之故，Charakter 的动词化形式 charakterisieren（"性格刻画"或"特征刻画"）也会既被用来表示对性格的刻画，也被用来表示对事物的特征的刻画。

普凡德尔使用的性格分析的现象学方法是与他对性格的理解和定义密切相关的。性格是与心灵、心理有关的，因而也是心理学或心理哲学研究的课题。按照普凡德尔的说法，"人当然是一个三位一体的生物，他同时是躯体、活的身体和活着的心灵。但是很明显，人们要认识的不是他们的躯体的性格，不是他们的活的身体的性格，而是他们的活着的心灵的性格"（GC 294）。

具体说来，当我们说人的性格的时候，我们说的是他的心灵的性格，而不是他的躯体和身体的特征。例如，躯体的外部特征包括高大、矮小、肥胖、瘦弱等等，这些特征是身体在失去了心灵的情况下仍然具有的东西。心灵的特征就是性格，也可以说，心灵只有性格，没有特征，如：冲动、鲁莽、沉稳、畏缩等等。活的身体的特征由内部和外部两部分组合而成，例如行动敏捷、说话口吃、皱眉头、眨眼睛等等。可以看出，身体与躯体这一方面和心灵另一方面的分界都是模糊的。也因为此，身体才能构成这两者的中介。在身体的描述上，我们使用的 charakterisieren 方法在中文中既可以意味着"性格刻画"，也可以意味着"特征刻画"。

性格现象学要关注的当然主要是心灵的性格，但也涉及身体的特征方面，它们意味着性格的外露或表达，比如一个人讲话时的手势、走路的步态，以及如此等等。

我们首先要对"性格"做一个定义和分类。按照普凡德尔的说明，"最一般意义上的性格无非就是整个人的心灵的特有本质种类"（GC 295）。初看上去，这与我们前面在第一节引论中给出的定义基本相符，即"人格是由本性与习性组成的个体精神特质。人格中的一些具体的本性与习性会表现得相对强烈、明显和稳定，这就是我们所说的'性格'"。但进一步的研究将会表明，这里仍有概念内涵与外延方面的差异存在。

与意识、历史、语言等情况一样，这里的"最一般意义上"是指对各种性格种类或类型的总称。在这个最一般的单数总称中，包括了各种具体性格类别的复数，它们都以通过加定语的方式而将这个意义上"性格一般"（Charakter überhaupt）再具体加以划分或分类。

1. 性格一般的四个向度：根本性格（人格性格）、经验性格、自然性格、自由性格

A. 普凡德尔的性格学研究就是从一个最基本的区分开始的：对根本性格和经验性格的区分。他理解的"根本性格"（Grundcharakter），是指一个人格的本质种类（Wesensart），"这个根本性格甚至就是人的心灵的特有本质种类，而这个本质种类是一个人格的本质种类"（GC 300）。按照这个定义，一个人的"根本性

格"应当无异于他的"人格",或普凡德尔时而也使用的"人格性格"
(Personcharakter)(GC 319)。它是单数,贯穿于一个人的心灵的各
个层次和各个阶段,具有使他不同于其他人的独一性和特有性。但
由于它并非一成不变,而是在每个年龄阶段都有变化,因此一个人
的一生会有孩童阶段、少年阶段、成年阶段、中年阶段、老年阶段的
根本性格,它们在这个意义上也可以是复数,但归根结底还是单数,
因为根本性格既在每个年龄段都是单数,也在一生的回顾中显现为
单数。用普凡德尔的话来说:"个别人的根本性格是人'在根本上'
之所是,是他的特有的心灵本质种类,它从开始起并且持续地在他
之中存在,而且恰恰是它才使他成为这个特定的人"(GC 297)。

　　与"根本性格"相对的是"经验性格"(empirischer Charakter)。
事实上,根本性格的特点是在经验性格的衬托中显露出来的。"在
整个尘世生活期间,根本性格本身始终是同一个。它所经历的唯
一变化在于,它在生命进程中或多或少完整而恰当地被养成"(GC
299)。而经验性格是复数,是指一个人在每时每刻展示出来的性
格,也是他在那个时刻确实具有的性格。与根本性格相比,经验性
格在普凡德尔看来至少有以下几个特点。

　　首先,经验性格必定是随年龄的变化而变化的。在涉及一个人
的性格时,人们在日常生活中往往会与此相应地说:"虽然他是这
样的,但这是因为他的年龄的缘故";其次,经验性格有可能会受
短暂而临时状况的影响发生变动,因而不稳定。在涉及一个人的性
格时,人们在日常生活中往往会与此相应地说:"虽然他现在的确
是这样的,但他以前并非如此";再次,经验性格有可能是虚假的、
非真正的性格。在涉及一个人的性格时,人们在日常生活中往往会

与此相应地说："他虽然是温柔可亲的，但所有这些都不是真的"；最后，经验性格有可能是硬凑起来的。在涉及一个人的性格时，人们在日常生活中往往会与此相应地说："虽然他确实是并且始终是这样的，但他在根本上还是不一样的。"

此外，还有一些将根本性格和经验性格区分开来的因素。例如，经验性格可以包含异常的和病态的东西，而根本性格中则不包含这些。因此普凡德尔说，"根本性格本身是完全正常而健康的。所有异常和疾病都仅仅涉及经验性格"（GC 298）。

无论如何，对根本性格与经验性格的本质区分是普凡德尔在性格学研究方面做出的一个重要贡献。我们在后面还会一再回溯到这个本质区分上。在这里我们暂时满足于普凡德尔的一个概括说明："根本性格是经验性格在自身养成方面的逼迫性的和起作用的存在基础，而经验性格这方面则每每是根本性格的或多或少恰当的养成"（GC 301）。

普凡德尔没有说明一个人的根本性格可能有哪些，譬如理智型的、情感型的、意欲型的，这些性格类型在他那里属于我们下面要谈到的性格的特质。初看上去根本性格有可能类似于荣格在此前几年（1921年）出版的代表作《心理的类型》①中划分的两种总体类型：内向型和外向型，也是海涅意义上的柏拉图型和亚里士多德型。但后面我们会看到，普凡德尔在文中不点名地批判了这种划分。如果按照他的定义"个别人的根本性格是人'在根本上'之所是"（GC 297），那么每个人的根本性格就是他的人格，因而是个体性的，必

---

① Vgl. Carl Gustav Jung, *Psychologische Typen*, Stuttgart: Patmos Verlag, 2018, Einleitung, S. 1-5.

须因人而异地加以规定和描述。目前在心理学中取代了性格心理学位置的主要是阿德勒开创的个体心理学[①]。

B. 自然性格与自由性格是在普凡德尔那里与上述根本性格和经验性格的概念对相应的另一概念对。他对这对概念的论述并不多。自然性格(Naturcharakter)与自由性格(Freiheitscharakter)本身既不属于根本性格，也不属于经验性格。这两对概念不如说是提供了对性格本体的两个不同视角。因而普凡德尔说："根本性格因而并不必然与自然性格相一致，它也并不必然与自由性格相违背。只是，如果人们想要将自然性格恰恰理解为人的心灵本身的原本特有的本质种类，那么自然性格当然也就与根本性格相一致了"(GC 301)。

普凡德尔在这里所说的将自然性格理解为"心灵本身的原本特有本质种类"的可能性，实际上就是将"自然性格"理解为我们前面所说的"与人格的本性(Natur)相关的性格"的可能性。这里的"自然"(Natur)可以被理解和翻译为"本性"。在此意义上，"自然性格"无异于"本性性格"；而与此相对，"自由性格"则是在心灵生活的发展过程中通过他所说的"自由行动(Freitätigkeit)"而自觉或不自觉地逐渐养成的性格，即"习性性格"。

普凡德尔在讨论"性格的压力"时区分与自然性格相关的四种

---

① 阿德勒在 1912 年便发表了《论神经质性格——一门比较的个体心理学和心理治疗术的基本特征》(Alfred Adler, *Über den nervösen Charakter – Grundzüge einer vergleichenden Individual-Psychologie und Psychotherapie*, Berlin / Heidelberg: Springer Verlag, 1912)，将性格问题纳入个体心理学的问题域讨论。此后他还有一系列冠以"个体心理学"之名的著作出版，其中很大部分是讨论性格问题的。但个体心理学的概念实际上包含比性格心理学更多的疑点和问题。用前者取代后者很有可能是一条心理学发展的弯路。但这里不是讨论这个问题的合适场所。

压力，以及与自由性格相关的三种压力，以此方式也对这两种性格做了进一步的特征刻画。对此我们后面还会再做讨论。

C. 普凡德尔对自然性格和自由性格的划分在一定程度上也是对根本性格和经验性格的进一步刻画。不过这里仍然需要补充两点：

其一，就我们目前对普凡德尔的了解来看，在他那里不存在天生的性格，所有性格都是被养成的，根本性格也是如此，遑论经验性格。在他看来，"根本性格一部分是已被养成的，一部分是未被养成的，一部分是相即地（adäquat）被养成的，一部分是不相即地（inadäquat）被养成的，但始终是在其整体中存在的"（GC 300）。按照这个说法，那么他所说的"原本特有的"（ursprünglich eigentümliche）也不是"本性"或"天性"或"生性"。我们为此需要或是重新定义"生性善良""天性活泼""本性贪婪"这一类说法，或是继续坚持对作为本性性格的自然性格和作为习性性格的自由性格的理解。或许有必要对普凡德尔的性格养成说做进一步的讨论。例如，我们可以参考孟子的"四端说"来进行修正和完善，即区分生而有之的"性格萌芽"即自然性格以及从它们出发而养成的性格即自由性格或经验性格。

其二，如果根本性格在普凡德尔那里被理解为单数，而自然性格或本性性格在我们的意义上应当是多数，那么我们可以通过进一步的定义来进行修正和完善：自然性格有狭义和广义之分，狭义的自然性格是单数，广义的自然性格是复数。这样，前面的"四端说"的案例也可以用来说明自然性格和根本性格的差异。

普凡德尔在这个意义上谈论"根本性格"（作为"人格性格"）和"经验性格"的关系以及"自然性格"和"自由性格"的关系："性

格学应当在一个特定的认识操作方式中将经验性格认识为这种由自然性格和人格性格组成的统一。而后还要在从经验性格向根本性格的过渡中，于后者中既认识自然性格，也认识人格性格，即是说，需要对这个问题做出回答：这个经验人想'在根本上'自由行动地是什么样的人格，而且它想'在根本上'如何对待那些被正确认识的、对他有约束力的要求"（GC 319）。

就总体而言，根本性格（人格性格）和经验性格、自然性格和自由性格是对性格问题的两个不同的切入角度或观察视角。

2. 性格的种类(Charakterart)与性格的特质(Eigenart)

这两个概念在普凡德尔那里时而被同义地使用，时而也被用来表达性格的不同层次的分类。无论如何，性格总体可以被进一步划分为不同的性格种类。普凡德尔在性格分析中曾使用"性格特质"的概念来进一步划分性格的不同种类，例如意欲特质、情感特质。他在长文中提到："可以将性格专门理解为人的意欲的特质，或专门理解为人的情感的特质。但很容易看出，意欲的特质或情感的特质或心灵的某个其他方面仅仅是人的心灵之总体性格的特殊分类，它们展示的是这个总体的特有本质种类，按照它在其意欲的或情感的或其他的行为举止中所表露出来的样子"（GC 295f.）。虽然他并未说明是否还存在其他的性格特质，但我们至少还可以确定除此之外和与此相近的几个特质，如智识特质、宗教特质。

不过普凡德尔偶尔也谈到"宗教的根本性格"（GC 317）。事实上我们也可以将"性格特质"理解为根本性格的特有种类，并在此意义上命名一个建基于根本性格之上的人的类型划分：理智人、情感人、意欲人、宗教人、权力人等等（GC 311f.）。这是按根本性格来划分的大类。

按经验性格的种类来划分则会产生更多的小类，因为经验性格本身不仅变动不居，而且复杂繁多：例如不仅包含真正的、正常的、健康的，也包括非真正的、异常的、病态的等等方面。我们可以举普凡德尔的几个例子来说明经验性格：抒情戏耍的、沉默寡言的、温顺胆怯的、阴沉敌对的，戏剧宏大的，以及如此等等。

3. 性格及其各个层次

如果我们将性格本身以及考察它的各个视角连同由此而划分的各个种类称作性格本体，那么它会以特定的方式显现或表现出来，这些显现方式由表面到深层，由心理到物理，可以分为几个层次。

首先需要说明，普凡德尔所列出的性格层次的第一层是性格特征。然而在我们看来，这个第一层次更应当是性格现象。

A. 性格现象（性格与其显现的关系）

任何性格都是通过意识行为、语言行为、身体行为表现出来的。这句话中的顿号可以用"和"来代替，也可以用"或"来代替。即是说，性格可以用其中的一种方式显现，也可以用三种方式。而如果仅仅用一种方式显现，那就只能是意识行为的方式。这主要是因为，如前所述，性格是心灵的性格。心灵生活首先是意识生活。所谓"性格现象"，是指在意识体验中显现的心灵性格。一般说来，性格现象首先是通过意识现象而被代现的，例如通过情感现象或意欲现象。当我们看见一个人在发怒时，我们同感到的只是他的情感意识。但如果我们看到一个人无端发怒或为小事发怒或常常发怒，我们就会将他的性格视作暴躁的或易怒的。

从逻辑顺序上说，心灵的性格首先是被主观的心灵载体本身意识到，而后可以通过语言、表情、手势、步态等等显现出来，从而被客观的外部观察者注意到。但对性格的自身意识、自身描述和自身认识是一个需要深入讨论的问题。这里暂且置而不论。我们在后面讨论性格学的方法时还会回到这个问题上来。

但如前所述，普凡德尔并未列出这个性格现象的第一层次。他的性格学的性格层次划分是从下面作为第二层次列出的性格特征开始的。他将性格的各个层次列在"性格的关系"的论题下。

B. 性格特征（性格与其各个分化特征的关系）

按照普凡德尔的说法，无论是根本性格还是经验性格，它们都有各自的特质，而且这些特质都以各自的方式表现自身或宣示自身。最基本的表现方式在普凡德尔那里被称作"性格特征"。就此而论，性格与性格特征的关系，类似于但不等同于康德意义上的本体与现象的关系。

我们会在后面第四节中进一步讨论性格与性格特征的关系。这里的性格本体与其他层次的性格现象的关系可以表现为：例如，性格的智识特质所包含的具体性格特征是博学、智慧、审慎、讲理、多疑等等；又如，性格的宗教特质所包含的具体性格特征是虔敬、恭敬、孝敬、忠诚、轻信、痴迷、崇拜等等；再如，性格的情感特质所包含的具体性格特征是热情、敏感、忧郁、温柔、怨恨、易怒等等；最后，性格的意欲特质所包含的具体性格特征是豪放、好胜、勇敢、大度、贪婪、蛮横、吝啬等等。

普凡德尔认为，我们不能说，性格与性格特征的关系就是上一级和下一级的关系，而且下一级的总和也不等于上一级。性格特征本身又可以分几个层次："尽管每个性格都具有一批性格特征，但它们首先不处在同样的阶段上；它们之中的一些对于另一些而言是第一级的和决定性的，因而后者是第二级的，甚至是第三级的。因此，它们构成一个特定的彼此有上下级关系的性格特征的等级制度"（GC 304）。

各个级次的性格特征之间的界限看起来还是模糊不清的，甚至各个级次之间的界限也可能是模糊不清的。应当说，这里用名称标示的是性格特征的核心部分。性格学的研究需要在进一步的观察分析中用更为确切的概念来勾画和界定这些性格特征。它们应当是性格学研究的最基本对象。

C. 性格证实（Erweisung）（性格与其各个证实的关系）

普凡德尔所说的"性格证实"与胡塞尔在意识现象学中使用的"意向充实（Erfüllung）"概念有相近之处。在意识现象学中，"充实"是指一个意向在直观中得到或多或少的充实，那么在性格现象中，"证实"就是指一个性格在意识行为、语言行为和身体行为的显现中或多或少得到证实。性格特征通常需要在多次的证实中才能作为性格成立。普凡德尔认为，"相对于不断消逝的独特心灵生活，在其中证实自身的性格与性格特征是相对固定的。性格学当然也需要认识在性格或性格特征与它们在心灵生活中的证实之间的特别关系"（GC 305）。

D. 性格表达（Ausdruck）（性格与其各个表达的关系）

距离性格本身更远的层次是性格的外部表达：性格会通过身体、表情、眼神、手势、语言、举止、步态和身体运动表达出来。这就是通常所说的"性格外露"。这也是一般性格心理学关注的论题。普凡德尔认为:"当然,性格的'外露'本身不是性格。它们常常还需要从已被认知的性格出发得到正确的诠释"(GC 305)。事实上,性格表达已经超出严格意义上的性格现象学的范围,但仍然属于一般性格学研究的论域。

E. 性格印记(Abdruck)(性格与其各个印记的关系)

这是距离性格本身或"性格本体"最远的层次。所谓"印记",是指性格在一个人的所有功能产品中留下的性格印记。按照普凡德尔的原话:"人的性格也或多或少清晰地印刻下来,而且是在他的所有功能产品中:在他打扮自己、塑造他的住所和环境的方式中,在他的笔迹中,以及在他于各种不同领域里提交的文化产品中"(GC 305)。他在这里提到的许多性格印记现在已经成为专门的性格学的学科,如笔记性格学、文字风格学等等。

这里还需要提到一些普凡德尔没有提到的可能印记。它们也许可以算作最外围的、甚至超范围的性格印记或性格痕迹。它们通过性格与体液、血型、星座、属相等等的关系显露端倪。它们是性格科学还是算命巫术? 从目前的状况来看,它们无法将自己与普凡德尔所说的"江湖郎中的智慧"区别开来,即是说,目前还没有看到它们成为科学的可能性。普凡德尔在涉及性格与心灵的其他要素的关系时也会提到的心灵血液、心灵之光等。对此我们后面还会再做讨论。

4. 性格的养成及其各个发展阶段

性格的各个阶段与性格的养成有关。在人的一生中,性格是在各个阶段上养成的。因此我们可以区分各个年龄段的性格：儿童的、孩童的、少年的、青年人的、成年人的、中老年人的和老年人的。它们之间的界限也是含糊的，但核心部分是明确的。通常我们不说儿童人、孩童人、少年人，是因为他们的人格尚未形成或尚未成熟。但无论是孩童还是老人，他们都有性格，而且是这个阶段上的性格。各个阶段的性格是复数的经验性格，而贯穿在性格养成和发展变化过程始终的是单数的根本性格。

这里的阐释涉及对根本性格的理解和解释，也涉及对它与经验性格的关系的进一步展开说明。

首先，根本性格本身不是某个年龄阶段的经验性格，但各个年龄段的经验性格是以这个年龄段的根本性格为基础的。各个年龄段的根本性格组成总体的根本性格。因此，普凡德尔认为，"人的总体根本性格因而自身包含着各种年龄阶段的根本性格。它从自身出发，也向它的完全养成挺进，而且它在其完全养成中达到一系列共属的最终目标。在经验性格的年龄阶段规定性中，总体根本性格也是经验性格的存在基础"（GC 322f.）。

其次，根本性格并不是一个人在他的成熟期充分养成的性格，例如不是成年人的根本性格。因此，不能将某个时间段的根本性格理解为性格发展的顶点，不能将在此之前的阶段看作性格的进化期，在此之后的阶段看作性格的退化期。用普凡德尔的话来说，"年龄阶段的性格因而并不单纯是成熟阶段的前阶段和后阶段，而是它们中的每一个，包括成熟阶段的性格，都具有它自己的根本性格，它自己这方面重又可以或多或少完善地被养成"（GC 321）。

当然，以上这些还只是就根本性格而非经验性格的情况而言。

如果将两者放在相互关系中考察，那么可以留意普凡德尔对性格发展的两个紧密结合在一起的、但性质不同的运动的区分：一个是向上的运动，"仿佛直向地走向高处，并逐渐地将新获得之物附加给每次的被养成之物；它从未被养成之物引向越来越完满和越来越确切的养成，这个养成似乎是在一个特定的年龄阶段、成熟的阶段被达到的。"而另一个运动与它同时并与它紧贴进行，"似乎波浪般地在特定的性格化了的阶段上以特定的顺序持续前行，每次在达到后一个阶段时，前一个阶段都会从这些阶段中消失，以至于在这个运动中没有什么东西被经验地聚合起来"（GC 321f.）。

这两个运动可以被视作对根本性格与经验性格各自发展的两条路线的勾勒：一条是根本性格的完善养成的路线，另一条是经验性格的经验养成的路线。养成在这里都是以分阶段的方式进行。在每个年龄阶段上都在进行着根本性格和经验性格的养成。它们的养成都是以经验的方式进行的。只是经验性格处在不断的养成、变化和消失的过程中，而在根本性格则会持续地养成、积累并保留下来，延续并贯穿在后面的各个年龄段中。在此意义上，根本性格的养成是一个完善化的构成。因而普凡德尔也将它称作"人的根本性格的理论-理想的发展进路"（GC 321）。

经验性格在各个年龄段上产生、消失。根本性格在各个年龄段上持续前行地养成、积累。这是性格养成的总体发生的情况。此外，性格研究还必须面对每个年龄段上的性格养成的状况。一些经验性格在特定的年龄段上是恰当的，到下一个年龄段则变得不合适。例如，腼腆、天真在儿童、孩童那里是美好的性格，但延续到成年人那里就会变得不恰当，诸如此类。而在老年人的年龄段上，根本性格本身会有对于这个年龄段而言的完善养成，例如它可以表现为沉稳、老到等，但在某些方面又会相对于其他年龄段而处在下降的位置上，例如健忘、迟钝、散漫等等。

因此，普凡德尔的一段话在这里可以被用作总结："在根本性格的发展中，各个年龄阶段的性格会逐次地在特定的顺序中短暂显露出来。所以，在各个年龄阶段本身的性格那里重又可以区分它们的经验性格和它们的根本性格。人的根本性格的理论-理想的发展进路不仅包含一个持续前行的完全养成，而且同时还包含暂时的和在特定秩序中相互接续的各个叠加进来的年龄阶段的不同根本性格的完全养成"（GC 321）。

实际上，如果前面对性格种类、性格层次的阐释意味着对性格结构的静态分析，那么这里对性格养成的说明就应当意味着对性格养成的发生分析。性格种类在静态分析中可以分为两大类，即根本性格和经验性格，而在发生分析中则实际上被分为三大类：总体的根本性格、阶段的根本性格和经验性格。

5. 个体性格与普遍性格

我们这里所说的"总体性格"和"总体根本性格"概念时常在普凡德尔那里出现。它们是指在一个个体具有的各种性格、包括各个阶段的性格或根本性格的集合体，也可以被称作性格总体。显然它的对立面不会是个体的性格，而是一个个体的个别性格或部分性格。此外，它同样明显地既不能被等同于根本性格或经验性格，也不能被等同于自然性格或自由性格。所有这些性格都是个体的总体性格的一部分。

这里现在还需要加入普遍性格的视角。

在其长文"性格学的基本问题"讨论性格学对象的第一章中，普凡德尔在第一节中论述"个体对象"，随后在第二节中便讨论"普遍对象"。他认为，"即使人的个体性格构成性格学的出发点，它们也并不是性格学的目的地。性格学不想获得对个体性格学的肖像的收集，而是作为系统-理论的科学而致力于'普遍之物'。而离个体性格最近的'普遍之物'就是人的性格的各个种类。因为不只是一个个别的性格特征，而且还有一个人的整个性格都会以同样的方式也出现在其他人那里，或者至少有可能是这样，倘若在现实中恰巧没有同样种类的多个样本的话"（GC 302）。普凡德尔在"普遍之物"上都加了引号，暗示这里的"个体"与"普遍"不同于认识论意义上的"个别"与"普遍"。

但性格学探讨的普遍之物仍然与本质有关，亦即仍然与胡塞尔在《逻辑研究》中讨论的普遍之物（观念）以及对它的普遍直观（观念直观）有关。普凡德尔意义上的普遍是本质种类："性格种类因而是人的心灵的特殊本质构形（Wesensgestaltung），仿佛是不同的压模图样，它们之中的每一个原则上都可以是由一批人的心灵同类刻印的结果"（GC 302）。这个意义上的"本质"或许不能完全等同于胡塞尔的"观念"（Idee），但却可以理解为普凡德尔意义上的"理想"（Ideal）。①——我们在后面讨论方法问题时还会涉及与此相关的"理

---

①　胡塞尔在后期，尤其是在未竟之作《欧洲科学的危机与超越论的现象学》中，明确地将自然科学的"理想化"（Hua VI, 18ff., 26ff., 375f.）区别于现象学的"观念化"或"观念直观"。不过，阿维-拉勒芒在他的文章中提到，普凡德尔在他的笔记（C IV 13/22. 8. 24）中有一次使用了可以追溯到胡塞尔《逻辑研究》第二研究中的（转下页）

论-理想化"问题。

　　这里还需要说明一点：普凡德尔之所以强调性格学需要把握普遍性格，主要是为了突出他理解的性格学的本质科学特征。性格学不仅要研究个体的经验性格和根本性格，也要把握普遍的经验性格种类和根本性格的种类。所有这些努力，会将性格学导向对人的心灵性格的认识，一步一步地导向对最普遍之物的认识。

　　因此，普凡德尔说："性格的最普遍种类、最高的属，是人的心灵一般的性格，即特有的本质种类，每个个别的人恰恰通过它而是一个人的心灵的人格，并且通过它而有别于其他非人格的生物。人的这个性格也完全属于性格学的对象，即使性格学至此为止对它忽略不计"（GC 303）。

　　在这个意义上，性格学作为科学最初可以是经验科学，但最终必须是本质科学。它的任务在于对各个层次的性格的本质要素和本质种类的本质把握。

四、性格与心灵的其他本质要素的关系

　　在我们开始讨论性格学的方法之前，还需要简单介绍普凡德尔对人的心灵的性格与心灵的其他要素的关系。他将这部分的论述放在他的长文的最后一章，并将其冠以"关于性格种类问题的论稿"

（接上页）术语"观念化的抽象"（ideierende Abstraktion）来讨论与"理想化的理论建构行为"相关的操作方式（U. und E. Ave-Lallemant „Alexander Pfänders Grundriss der Charakterologie", in a.a.O., S. 226）。——无论如何，"理想化"与"观念化"的相同与相异是一个有待深入讨论的问题。

之名。"论稿"（Beitrag）是单数，分别论述心灵的大小与完形、材料本性、心灵河流的种类、性格紧张、心灵之光五个方面与性格本身的关系。

首先需要指出，普凡德尔的性格学研究是在他关于人的心灵之研究的大视域中进行的。这是他的相关思考的一个特点。他主张，"人们始终以此为开端，即从统观人的心灵并且在它之中区分心灵生活的不同方面、不同功能、不同对象领域，而后再探问，它们自身是如何变更的，以及它们彼此的关系可能处在哪些不同的秩序中"（GC 323）。这也意味着，如果要问一个人有怎样的性格，首先要问他是怎样的一个人。人的心灵中有许多与性格相关并影响性格的因素。对性格学的探讨不仅要关注性格本身，而且也必须关注这些虽然不是性格，但与性格内在相关联的因素。它们被普凡德尔称作"性格标记"，它们是当时流行的心理学没有顾及到的。他主张，"作为性格学家，人们必须有勇气也去查明这样一些性格标记，它们根本没有在现存的心理学中被安顿，因而也根本无法借助于它来被找到"（GC 323）。普凡德尔的这个说法已经表明，这些论稿是他本人原创思考的表达。我们会看到其中有他的一些独辟蹊径和别出心裁的想法。

1. 性格与心灵的大小与完形

心灵的大小是指心灵人格的大小和规模。"人的心灵事先就始终已经带着或多或少确定的、不同的大小而处在一个人的面前"（GC 324）。在通常情况下，大人或成年人的心灵与小孩或儿童的心灵相比规模较大。普凡德尔没有对它做出概念上的积极定义，他的界定和说明更多是消极的：这里的"大"和规模并不是指性格上的大度（Großmütigkeit），也不意味着知识的丰富或成就的丰富，同样也无法精确地度量。但普凡德尔仍然认为，"尽管人们当然无法对这些规模给出数量规定，但人们在运用这个视角时还是会吃惊地看到，竟然可以如此可靠地从人格的心灵的大小和规模来规整各个人格，以及人们可以据此而获得对它们的如此清晰的第一纵观"（GC 324）。

心灵的大小规模因人而异，与性格有一定的关联，有可能以内在的方式影响和决定着性格。普凡德尔认为不排除这样的可能性，即"即在特定的性格种类中本质上包含着特定的规模或小性（Kleinheit）。例如，属于甜蜜的、浪漫-戏耍的心灵的是一种相对的小性，相反，属于生硬的、戏剧-宏大的心灵的则是一种相对的大性或规模"（GC 324）。不仅心灵本身，而且它的各个"方面"和各个"区域"也有大小之别。

就总体而言，心灵的大小和规模对于普凡德尔来说是一个性格种类的标记，尽管是次要的标记。

2. 性格与心灵的材料本性（Stoffnatur）

在普凡德尔看来，性格的另一个种类标记是通过心灵的材料本性得到表现的。至少可以说，在一个人的性格与心灵的材料本性之间存在某种联系。前面提到的浪漫—戏耍的性格种类可以是与甜蜜芬芳的、纤弱的等性质相关联，也可以与丝绸般的、法国人般的等等相关联。与它相对地则可以是一种沉重的、硬缎般的（steifbrokatig）、庄严的性格种类，如此等等。

借用各类物质材料的名称来描述心灵材料的属性，这并不能说是普凡德尔的创举,因为这在日常生活中是司空见惯的性格刻画隐喻术,普凡德尔只是将它们罗列出来,用作心灵材料的参照物,例如,"粘土般的(俄国人般的)""橡木般的""白蜡木般的""香柏木般的""红木般的""杨树木般的"性格种类;此外还有被称作"发油般的""蝙蝠般的""钢丝般的""粗麻般的""硬缎般的""水银般的""白垩状的""海绵般的""骨头般的""鹅毛般的"以及诸如此类的性格种类(GC 325)。

普凡德尔认为,我们最终可以用物质材料的性质来描述和刻画心灵材料的性质:"心灵的材料本性可以根据一系列不同的视角来加以规定,例如,根据重或轻,硬或软,粗颗粒或细颗粒,紧或松,柔韧或僵硬,有弹力或无弹力,坚韧或易碎,干燥或多汁,根据颜色、亮度、透明度、光泽,根据声音的特质,根据甜或涩,简言之,根据人的心灵的品味"(GC 325)。

不过,心灵和心灵材料有别于物质与物质材料的一个重要方面在于前者的流动性。这在以上的物质材料隐喻中还无法得到体现。普凡德尔为此使用了另一个仍然与物质有关的,但在心灵哲学家和意识哲学家那里比较常见的隐喻,即心灵的生命河流。

3. 性格与心灵的生命河流的种类

在论及心灵生活或意识生活时将它们比喻为河流或源泉,这是许多哲学家的一个共同做法,如柏格森、胡塞尔。普凡德尔也在性格学的意义上讨论心灵生活之流:"人的心灵是一个生物;心灵生活在它之中不停地涌现(flutet),不像一条由外部而来并且只是穿流过它或只在它旁边流过的河流(如人们在心理学中常常对心灵的生命流所做的错误的想象那样），而像一股在心灵本身中来自内部源泉的、持续上涨的涌现（Flut），同时它持续地向着外部消逝，而且在它之中有从源泉出发在各个方向上持续变换和消失的、更为集中的诸多河流，像辐射器一样匆匆穿过这个涌现并或多或少地搅动这个涌现"（GC 327）。

可以看出，普凡德尔在这里谈到的"涌现"，完全不同于自然科学在"意识涌现理论"中讨论的"涌现"。[①] 而他对心灵河流种类的界定与划分也不同于意识哲学的通常做法。

普凡德尔将心灵河流称作"心灵液体"或"心灵的生命血液"，并从多个方面来考察心灵的生命河流：它的容积或数量，它的速度，它的力度与节奏，它的热度，在它那里涌出和流淌的东西的质性状态（如鲸油般的、牛奶般的、清水般的、汽水般的、灼热甜酒般的或喷射香槟般的），以及如此等等。这个质性状态并不是一成不变的。按照普凡德尔的说法，"尽管生命血液的质性在本质上始终是稳定的，但也有可能会因为经历和命运而导致某些变化的形成，例如变酸、变苦、变浑或如此等等"（GC 327）。

心灵的生命河流不仅在每个人那里是各不相同的，并因此而影响和决定了他们的性格的千差万别，而且即使在同一个人那里也不是在任何时候都相同的。例如在生命的进程中随年龄阶段的不同，它会在数量、热度、速度、力度和节奏上发生变化，并因此影响和决定了他们的性格的变化。

---

① 例如参见唐孝威：《意识论——意识问题的自然科学研究》，北京：高等教育出版社，2004年，第七章"意识涌现理论"，第91-98页。

看起来可以说，如果在前面讨论的心灵生活材料与心灵的类物质的固体材料有关，那么这里讨论的心灵河流种类就涉及心灵的类物质的液体材料。因此，如普凡德尔所说，"在这里重又是类比，而且用物质的液体种类及其流动方式进行的类比，它们为描述提供了可能"（GC 328）。

可以确定在这两种物质类比材料之间存在着内在的关联。普凡德尔认为是心灵的材料本性，在某种程度上也包括心灵的规模，决定了心灵血液及其流淌的种类；前者因而是首要的，而后者则是次要的。普凡德尔为此列举了多个例子："一个细小而柔弱的蝙蝠-心灵作为生命河流不会在动脉中具有一个灼热奔放和呼啸而过的格鲁特葡萄酒，而且如果它接受了并表现出一种非真正的、庄严而尊贵地起伏的、厚重深沉的生命之流，那么它会显得很滑稽。一个庞大而多节的橡木心灵在质性和形式方面所具有的生命河流会不同于一个中等大小的、细粒而无脂的粉笔心灵；一个中等偏小的矮胖羽毛心灵会在缓缓淌过和甜蜜偎依的轻波细浪中带着时而窃笑的飞溅气泡平淡度日，而这种方式对于中等大小的粗麻心灵来说则完全是在本质上生疏的"（GC 328）。

不仅如此，在心灵的河流种类和性质与我们前面提到的影响或决定性格的其他心灵生活要素之间存在着本质关联。例如它们与根本性格和经验性格有内在的联系。这里仍然可以引述普凡德尔的例证："一个人的经验性格并不始终表现出与他根本性格相适宜的心灵生活河流的种类。撇开一个人的经验性格包含的非真正的和人为的覆盖不论，无论是这个人的心灵生活血液的状况，还是其运动方式，都可能与他的根本性格或多或少地不相适宜。他的生命血液的流淌对他来说可能过于缓慢，过于柔和乳白，过于浑浊，过于灼热，过于水性，过于不安，过于杂乱，过于宽阔，过于快速，过于猛力，过于庄严"（GC 328）。

最后还可以发现在心灵的河流种类与前面提到的各个性格层次之间存在的内在关系，即性格证实、性格表达、性格印记等等。

事实上，对处在各种关联性的心灵的生命河流种类与性质的分析与揭示至少表明，在普凡德尔给出性格学的纲要中，一个错综复杂的性格谱系或性格学系统已经被勾勒出来，其中每一个因素都会与其他要素建立起多重的关联，并随之而展现多重的侧面和提供多重的视角。

4. 性格与性格紧张

心灵的紧张或张力是与性格密切相关的另一个心灵要素，是性格谱系学中的另一个成员。普凡德尔确认，"带着一个特定的心灵材料本性，一个特定的心灵规模和一个特定的心灵的血液和血液流淌，心灵的一个特定的紧张、一个张力关系已经在某种程度上被给予了"（GC 329）。他不仅指出人的性格所具有一个总体紧张，而且还说明在某些心灵层次或位置上的一些特殊压力，其中三个压力处在较窄的人格领域，而其他四个压力的位子则处在从属的心灵自身驱动中（GC 333）。

如果我们将"总体紧张"理解为性格压力的总体，那么心灵中对张力的内部分配就是总体紧张的各个部分了，这些部分之和不一定等于总体。

这里所说的张力的内部分配是指"心灵主体以不自觉的方式对

不同的意向对象领域所采取的内部立场"。按照普凡德尔的说法，
"如果我们首先注意到心灵主体以不自觉的方式对不同的意向对象
领域所采取的内部立场，那么我们就可以确定，不同的人会与它们
处在非常不同的张力关系中"（GC 329–332）。他列出的这类不自
觉的张力有四种：在心灵与自己身体、与外部世界和他人、与自己、
与上帝之间的张力关系。

与此相并列的还有三种"人格压力"，即自由行动的固有紧张、
针对心灵的自身驱动的自由行动的反紧张，以及针对尽责要求的自
由行动的反紧张。"它们的位子处在自由活动的自我之中。首先是
自由行动的自身努力的压力。它虽然始终处在变化之中，并且一再
地向完全的松弛状态过渡，但它还是会围绕着一个中间位子摆来摆
去，这个中间位子在不同的个体那里表现出不同的程度"（GC 333）。

普凡德尔认为，应当将所有这些紧张或压力以及它们的各种
不同程度都登记到性格学的谱系之中，不仅纳入普凡德尔所说的
"经验人格的性格图像"，而且也纳入"根本性格种类的图像"（GC
333）。

5. 性格与心灵之光

在普凡德尔列出的与性格相关联的心灵要素中，最后一个是
"心灵之光"。一个人的性格可以通过他看世界的目光而被把握到。
这是一个或多或少常识性的认识。例如我们可以从加拿大摄影师
尤瑟夫·卡什"二战"期间拍摄的《愤怒的丘吉尔》的著名照片读
出丘吉尔流露出的性格、性情和情感。普凡德尔认为，"对于不同
性格种类的认识而言，重要的是要注意：这种心灵之光在不同的性

格那里重又具有极为不同的状态，性格的特殊性每次都会在这些状态中清晰地划分自己和证实自己"（GC 334）。这也意味着，心灵之光是性格的自身证实的一种方式。它可以被理解为"性格目光"，即从眼光中透露出的内心的性格特征。此外，在普凡德尔看来，心灵之光或性格目光本身是有分别的，即"具有极为不同的状态"，例如，不同的光的种类、光的投射的速度、主动性、把捉和侵入的种类。可以根据它们来进行不同性格的刻画和描述。

普凡德尔的长文以他的"论稿"（Beitrag）一章为结尾，而他的"论稿"以关于"心灵之光"的一节为结尾。而在这节的结尾处，他将他讨论的性格分类的五个方面贯穿在一起，以总结的方式概述了自己在性格学方面的"贡献"（Beitrag）。

很容易就可以认识到，在某些界限之内的心灵之光的种类一般都已经通过前面所述的其他的性格规定性而得到了预先的规定。[以两个心灵为例]一个是巨大而多节的橡木心灵，带有浓密而温暖的生命血液，伴随着阻塞与湍流猛力冲击地一泻千里，承载着强烈的压力，尤其是在人格领域；而另一个是中等的丝绸心灵，带有清醇的、优雅地缓行而去的香槟血液，承载的是少量的人格紧张，但在心灵的自身驱动中则承载了巨大压力——这两个心灵所投射出的心灵之光是不尽相同的（GC 335）。

所有这些都还是——如阿维-拉勒芒的纪念文字的标题所说——普凡德尔性格学的"纲要"[1]。他本人的文章也以此为结尾：

---

[1]　Ursula und Eberhard Ave-Lallemant, „Alexander Pfänders Grundriss der Charakterologie", a.a.O., S. 203.

"然而，要想个别地确定种种共属性和制约性，还需要进行艰难的、细致敏锐而深入透彻的研究"（GC 335）。

我们在这里已经看到普凡德尔在性格学方面的思考和论述的独辟蹊径和别出心裁，尤其是他的"论稿"部分。他的论文发表十多年后，与普凡德尔同属精神科学和理解心理学阵营的戈鲁勒已经开始抱怨"普凡德尔的思路难以跟随"。因为无论是他的"心灵紧张"，还是他的"心灵之光"，都"无法与一个生动的直观结合在一起"。戈鲁勒认为，尽管普凡德尔通常是远离各种类型的"花言巧语"（Schönrederei）的，但他的这种"隐喻术"（Metaphorik）还是让人难以赞同附和。①

不过，对我们来说，普凡德尔在"论稿"部分的思考仍然具有一定的启示性。我们在这里愿意沿着普凡德尔的思路来继续考虑性格与心灵的其他要素之间的本质关系。

五、性格种类与心理类型和
意识权能、性格与情感

我们这里要关注的主要是性格种类与荣格的心理类型和胡塞尔的意识权能之间的关系。与前面普凡德尔所描述的性格分类的五个方面的情况相似，这里的三个向度在心理活动或意识体验中也彼此重叠地纠缠在一起，构成了多重的你中有我、我中有你的错综

---

① Hans W. Gruhle, *Verstehende Psychologie*（*Erlebnislehre*）, Stuttgart: Georg Thieme Verlag, 1948, S. 165f..

复杂关系。

1. 性格种类与心理类型的关系

普凡德尔曾就性格学与心理分析的关系评论说，"如今尤其急迫地需要一门严肃的性格学的首先是心理分析术，而且它甚至自己都已转而开始为这门科学提供一些有价值的贡献"（GC 292）。此时他指的应当是荣格的分析心理学理论。荣格在此前三年，即 1921 年出版了他的著名著作《心理的类型》①。至少可以确定，普凡德尔曾研究过荣格的这项研究，因为他在自己的文章中还不指名地引述和批评了荣格在该书中对两种基本心理类型"内向型"（Introversionstypus）和"外向型"（Extroversionstypus）的著名划分（GC 316）。

A. 两种心理态度类型

这个基本划分与普凡德尔对"根本性格"与"经验性格"的基本划分不一致，它们的差异可以追溯到两人的哲学立场和方法的差异：荣格的哲学立场是经验论的，其方法首先是观察的和归纳的。而普凡德尔的哲学立场是观念论的，其方法首先是反思的和理解的，也是本质直观的②。对于普凡德尔来说，在思想史上的和现实生活中可以收集到的内向性格和外向性格都是实际存在着的，但都还属于经验性格，应当被纳入到性格的某个级次较高的种类，但它们作为经验性格最终还是奠基于普凡德尔意义上的根本性格之中。

---

① Carl Gustav Jung, *Psychologische Typen*, Zürich: Verlag Rascher & Cie, 1921.——以下凡引此书均仅在正文中用括号表明简称"（PT + 页码）"。

② 如普凡德尔所说，在性格学中，"人们首先必须持续地寻找本质的方向"（GC 323）。

B. 四种功能类型

需要注意的是，荣格对这两种心理类型的划分是按照他所说心理的基本态度 ① 来进行的，因而这两种心理类型也被他称作"态度类型"。按照荣格本人的说法，他早年曾将"内向型"等同于"思维型"，将"外向型"等同于"感受型"。但后来他确信，"内向与外向作为普遍的基本态度应当有别于功能类型"。因而他在《心理的类型》的第十章中列举了心理的四种功能类型：思维型、感受型、感觉型和直觉型。心理的"态度类型"与"功能类型"相互交叉，可以再区分出八种心理类型：内向和外向的思维型、内向和外向的感受型、内向和外向的感觉型和内向和外向的直觉型。②

普凡德尔没有提及荣格的这个心理功能类型划分。但这里仍可以考虑这样一个问题：如果普凡德尔将荣格的两种心理"态度类型"视作"经验性格"，那么他会将荣格的四种心理功能类型归为哪一类性格呢？从普凡德尔的性格学中可以找到一种可能性：将荣格的四种心理"功能类型"理解为某种意义上的"性格特质"，如"情感特质""意欲特质"等等。但它们与普凡德尔意义上的"根本性格"还有一定距离，后者对于他来说就是人格意义上的性格。如果不能将人格等同于心理功能，那么也就不能将心理功能类型等同于根本性格。

---

① 荣格使用的"态度"一词的德文原文是"Einstellung"，也可以译作"定位"或"观点"。英译"attitude"包含了态度、观点、做派、姿势的多重含义。中译"态度"比较勉强，但看起来暂时还没有更好的选择。

② Carl Gustav Jung, *Psychologische Typen*, a.a.O., S. 156, S. 353 ff..

C. 集体无意识的种种原型

除此之外，普凡德尔在撰写其性格学的长文时还不可能讨论荣格在 1934 至 1954 年期间陆续提出和论述的种种集体无意识的"原型"（Archetype）的划分。荣格将在此期间的相关论文结集发表在他于 1954 年出版的文集《论意识之根：关于原型的研究》中。他在这里首先将无意识分为个体无意识和集体无意识，并通过对各种原型的区分进一步展开他的心理类型学说："个体无意识的内容是所谓的情结，它构成心灵生活的个人私密性。相反，集体无意识的内容则是所谓的原型。"[①]

与情结一样，原型的内容也会通过各种方式表现出来，但只能是以间接的方式，或者说，以一种间接的"集体表现"（représentations collectives）的方式。因此荣格要求，"为了准确起见，必须区分'原型'与'原型表象'。原型本身所表明的是一个假设的、非直观的样品"[②]。或者说，它是尚未受到意识加工的无意识心理内容，是直接的心灵被给予性的心理内容。而一旦它成为原型表象，就意味着它已经发生了变化。例如，通过神话、图腾、梦境、幻想、妄想、童话、想象、隐喻以及各种形式的文学艺术的方式而被意识到的原型内容仅仅是原型表象而非原型本身。按照荣格自己的说法："原型在本质上展示着一个无意识的内容，它会因为被意识和被感知而发生变化，而且是在它每次出现于其中的个体意识的意义上。'原型'所指的就是通过它与神话、秘法和童话的上述

[①]　参见：Carl Gustav Jung, *Von den Wurzeln des Bewusstseins*. Studien über den Archetypus, Zürich: Rascher Verlag, 1954, S. 4。

[②]　Carl Gustav Jung, *Von den Wurzeln des Bewusstseins*, a.a.O., S. 6, Anm. 4.

关联便已清楚地说出的东西。相反，如果我们尝试以心理学的方式
探究什么是原型，那么事情就会更为复杂。"①

　　就此而论，荣格的原型已经与性格无关，至少与个体性格无
关，即使它会在个体意识中以变异的方式出现。但它是否意味
着某种普凡德尔所说的"普遍性格"（GC 302f.），或"民族心态"
（mentality）意义上的"集体性格"。这是一个有待日后在其他地方
展开讨论的问题。这里仅以现象学圈内流传的一个轶事为引子。

　　根据奥托·珀格勒的回忆，卡尔·勒维特本人在民族心态
（Mentalität）方面有深入的思考："意大利人的亲近与友善相对于德
国人的迂腐在勒维特的一生中都是一个他所喜欢的命题。事实上
每个人都可以经验到：一个德国人在火车上会找一个空车厢；一个
意大利人会偏好一个已有许多意大利人在进行讨论的车厢。但这
里的'意大利人'指的谁？一个罗马人？还是一个从瓦莱达奥斯塔
山区来的葡萄种植者？"② 这个意义上的"民族心态"已经与"民族性
格"相差无几，甚至可以说是名异实同了。事实上，普凡德尔在文
中也曾列举过"粘土般的俄国人"或"丝绸般的法国人"的民族性
格（GC 325）。这也属于心理类型学或性格种类学需要区分的群体
性格类型，无论它们是否可以叫作"集体无意识的原型"。

　　此外还需要说明的是，我们在这里的论述从一开始就不言自
明地将荣格所说的"心理类型"视作"性格"的同义词。普凡德尔

---

① Carl Gustav Jung, *Von den Wurzeln des Bewusstseins*, a.a.O., S. 6.

② Otto Pöggeler, „Phänomenologie und philosophische Forschung bei Oskar Becker", in: Annemarie Gethmann-Siefert und Jürgen Mittelstraß (Hrsg.), *Die Philosophie und die Wissenschaften. Zum Werk Oskar Beckers*, Wilhelm Fink Verlag: München 2002, S. 14f..

在评论"态度类型"时是如此,荣格的《心理的类型》的英译者(H. G. Baynes)在翻译中也是如此。[①] 荣格本人虽然没有明确地将两者加以等同,但他许多说法以及将性格和心理类型放在一起讨论并对英译本予以默认的做法,都表明他所说的"心理类型"和"原型"与通常意义上的各种"性格"基本一致。但一个明显的事实是,他在二十世纪二十年代末的"心理类型学"报告中还讨论性格和性格学,后来在《心理的类型》著作中则基本上用"心理类型"来取代"性格"的术语。这很可能与荣格对"性格"的理解和定义有关,而它本质上不同于普凡德尔的"性格"理解和定义:后者如前所述将"性格"仅仅理解为"心灵的性格",而非"躯体和身体的特征"(GC 294),前者则认为"性格是人的稳定的个体形式。这个形式既具有躯体的本性,也具有心灵的本性,因而性格学既是物理类的也是心灵类的特征学说"。[②] 这样的"性格"显然已经不同于荣格所说的纯粹的"心理类型"了。

最后要注意一点:荣格的"态度类型""功能类型"和"原型"[③]

---

① C. G. Jung, *Collected Works of C.G. Jung*, vol. 6, *Psychological Types*, trans. by H. G. Baynes, Princeton, N.J.: Princeton University Press, 1976. ——此外,英译本中第四章标题为"人的性格中的类型问题"(the type problem in human character),但德文原著中的第四章标题为"对人的认知中的类型问题"(das typenproblem in der menschenkenntnis)。不过这个改变无伤大雅,因为荣格在这一章论述的乔丹著作(John Furneaux Jordan, *Character as Seen in Body and Parentage*, London 1896)就是关于两种基本性格的论述:反思性格和行动性格。它们被荣格用来比照自己的内向与外向的心理态度类型。

② Carl Gustav Jung, *Von den Wurzeln des Bewusstseins*, a.a.O., S. 559.

③ 这里只需要引述荣格关于原型之为活动与力量的说法:"原型不仅是图像自身,而且同时也是运动(Dynamis),它在原型图像的神妙性和迷人的力量中显示自身。"(Carl Gustav Jung, *Von den Wurzeln des Bewusstseins*, a.a.O., S. 573)

都可以在一定程度上被理解为某种心理功能或能力。这个理解也将我们引向这里接下来要讨论的普凡德尔的"心灵性格"与胡塞尔的"意识权能"的关系问题。

2. 性格与意识权能的关系

沿着胡塞尔人格现象学的思想发展脉络，我们可以说，性格与人格有关。对人格的考察可以从静态结构的角度进行，也可以从动态发生的角度进行。这两个角度在上述普凡德尔的性格学研究中都以某种方式被把握到并起过作用。

从结构的角度看，人格由两个基本层次组成，核心的层次是先天本性，外围的层次是后天的习性。胡塞尔也用"原初的和习得的性格素质（Charakteranlage）、能力、禀赋等等"（Hua IV, 104）来标示这两者。

而从发生的角度看，人格及其不同的层次是生成的而非固有的，这个生成遵循在意识发生奠基关系中的"先天综合原则"。具体说来，人格是意识的"先天原权能"与"后天习得的经验内容"共同作用的结果。这两者有先天与后天之分、本性与习性之分、原权能与习得权能之分。在此意义上，人格由本性与习性组成，即由原权能和习得权能组成，"人格现象学"最终可以归结为广义上的"权能现象学"。因为，如果"权能"的最基本含义在胡塞尔看来就是意识的权能性或主体的可能性，或简言之"我能"（ich kann），那么可以说，自亚里士多德和莱布尼茨以来被讨论的"我能"（δύναμαι）构成一个比笛卡尔的"我思"（cogito）更为宽泛的问题域，而且显然将后者包含在自身之中：意向性本身就是意识权能性的一种。

现在我们再从普凡德尔性格学思想系统来看，如前所述，"根本性格"具有类似"人格"的含义。一个正常人可以有多种性格，但只有一个人格。也就是说，一个人只有一个根本性格，其余的都是经验性格。与根本性格在一定意义上相一致的是"自然性格"。这里还要再次引述普凡德尔的准确说法："如果人们想要将自然性格恰恰理解为人的心灵本身的原本特有的本质种类，那么自然性格当然也就与根本性格相一致了"（GC 301）。

如果我们将自然性格和根本性格理解为某种权能，即主体自身的可能性，那么它们与胡塞尔所说的"原权能"和"本性"就十分接近了。[①] 它们看起来是从不尽相同的角度出发指向同一个东西。而普凡德尔的"经验性格"和"自由性格"则与胡塞尔所说的"习得的权能"或"习性"相差无几。

因而胡塞尔与普凡德尔的工作，在很大程度上顺应了卢梭的要求，即"从人类现有的性质中辨别出哪些是原始的、哪些是人为的"[②]。

就此而论，在心灵的性格与意识的权能之间已经显露出某种关联性。这种关联性在佛教唯识学的"种子熏习说"和"三能变说"中、在儒家的"先天后天说"与"已发未发说"中也曾得到过阐述。

---

① 在《观念》II 的研究手稿中曾罕见地记录到胡塞尔有关"原初性格"（ursprünglicher Charakter）问题的思考。这个性格看起来与普凡德尔的"自然性格"或"根本性格"有关。但胡塞尔对这个概念的理解实际上不可能受普凡德尔后来发表的性格学研究（很难说胡塞尔读过普凡德尔的性格学长文）的影响，而更可能是受普凡德尔早年发表的意欲现象学研究的影响，因为胡塞尔将"原初性格"理解为"开端上的某个动机引发"（Hua IV, 255, Anm. 1）。

② 卢梭：《论人与人之间不平等的起因和基础》，李平沤译，北京：商务印书馆，1982 年，第 63 页。

A. 本性、原权能与性格根基、自然性格

就这里首先要讨论的本性现象学而言，它的论题首先是由"本能"和"本欲"构成的。如前所述，它们与普凡德尔性格学中的"自然性格"（Naturcharakter）或"根本性格"（Grundcharakter）有关。后两者显然与胡塞尔偶尔提到的"天生的性格"（angeborener Charakter）更相近，它被他视作"谜"（Hua I, 163）。不过"本能""本欲"与"天生的性格"在胡塞尔那里都可以被纳入"本性"的范畴。

一般说来，汉语中的"本能"和"本欲"字面上区别在于：前者是原本就有的能力，后者是原本就有的欲求。前者在儒家的用语中相当于不虑而知、不学而能的"良知""良能"，例如包含卢梭所说的四种内在品质（基于自爱的自我保存、同情、趋向完善的能力和自由行动的能力）或休谟所说的自然美德，可以是褒义的；后者则与"私欲"相联系，大都带有贬义，或者也可以是中性的：中国古代各家都列出各自的"六欲"说，它们涉及人的与生俱来的欲望和需求。

不过这个用语上的差异在胡塞尔的发生现象学中并不明显。"本能"与"本欲"在他那里基本上是同义词。他也常常使用"本能的欲求"（instinktive Triebe）这样的说法，以区别于"习得的欲求"（erworbene Triebe）；前者可以被称作"自然欲求"，后者则可以被称作"文化欲求"。对"本能"的含义也可以做类似的划分，即划分"自然本能"和"文化本能"。就此而论，Instinkt 与 Trieb 这两个概念既可以与人的本性有关，也可以与人的习性有关。

关于"本能"含义与中译问题，笔者在"关于几个西方心理学和哲学核心概念的含义及其中译问题的思考"中做了专门的讨论。

扼要地说，"本能"的最基本含义"原本的能力"在神经生物学、机能心理学和意识现象学中有不同的理解，依次分别为："官能"（Sinnesorganismus）、"机能"（Funktion）和"权能"（Vermögen）。[①]

我们这里关于"本性"的讨论并不会直接关系生物学的"官能"方面的问题，但必定会涉及心理学的"机能"和现象学的"权能"意义上的"本能"问题。而关于"机能"和"权能"的区别，这里可以做一个预先的区分与说明："机能"是心理学的概念，带有较多的实验心理学的色彩，它主要是通过实验和观察获得的对象和论题；意识现象学也会使用"机能"的概念，在心理学的意义上，但现象学会更多讨论"权能"问题，通过反思与描述以及由此而得以可能的本质直观。

这里可以举一个较有代表性的例子：母爱是本性而非习性。即使一个女子从未做过母亲，即使她的这个本性从未得到过显示，母爱也仍然是她潜在的本性。一旦强烈的和明显的母爱情感变得稳定和维持，就会成为性格特征：母性。一个成熟女性的性格可以用母性来标示，无论她是否是或曾是或不再是母亲。

母爱是爱的一种。类似的情况还可以延伸到父爱、慈爱、情爱、性爱、友爱等等情感和性格方面，但伴随各种程度的变异。

B.习性、习得权能与性格养成、性格培育

习性现象学讨论习性的形成和培养，即习得的权能的形成。这种形成与培育在胡塞尔那里叫作"习性化"（habilitieren）或"积淀"

[①]　参见笔者：《意识现象学教程：关于意识结构和意识发生的精神科学研究》"附录8 关于几个西方心理学和哲学核心概念的含义及其中译问题的思考"一文的第九节，北京：商务印书馆，2023年。

（sedimentieren）或"沉淀"（absinken），它们在很大程度上与普凡德尔所说的"性格养成"相对应。如前所述，普凡德尔在其性格学长文中专门有一节讨论"性格的养成及其各个发展阶段"。他认为性格的养成受两方面因素的制约："这种养成本质上是受根本性格本身制约的；但它们同时也受到其他因子的一同规定，例如受到外部环境、身体-心灵的命运，尤其是个体的自由行动的行为举止的一同规定"（GC 305f.）。这也意味着，如前所述，性格的养成在两个方向上进行：一条是根本性格的完善养成的路线，另一条是经验性格的经验养成的路线。

这与胡塞尔在《笛卡尔式沉思》中对人格生成之进程的理解和描述是基本一致的："在这个人类生活世界的持续变化中，人本身作为人格显然也在变化，因为它必须与此相关地不断接受新的习惯特性。这里可以清晰地感受到静态构造和发生构造的深远而广泛的问题，后者作为充满迷雾的普全发生的局部问题。例如，就人格性而言，不仅是相对于被创建又被扬弃的习性之杂多性的人格性格的统一性的静态构造问题，而且也是发生构造问题，它会导向天生性格之谜"（Hua I, 162f.）。

胡塞尔在这里提到了三个与性格相关的概念：1）统一的人格性格，2）杂多地形成又消失的习性，3）天生性格，它们与普凡德尔那里的三个性格概念，即 1）根本性格，2）经验性格，3）自然性格，可以说是遥相呼应。虽然胡塞尔没有使用"经验性格"或与性格有关的概念，而是使用了"习性"的说法，但对于人在其心灵生活的成长和发展过程中，尤其是在各个不同的年龄段上得而复失又失而复得的附着物、沉淀物等等，究竟应当用"习得的权能"，还是用"经

验的性格",抑或是用"能力""秉性"等等来标示,已经是一个次
要的问题了。

普凡德尔提出的"根本性格构成经验性格的*存在基础*
(Seinsgrundlage)"(GC 301)的命题和胡塞尔提出的"固持而稳定
的人格自我"是"各种习性的同一*基质*(Substrat)"(Hua I, 101)的
命题,指明的是同一个现象学事态。

就此而论,性格养成的过程也就是人格生成的过程。这是
一个从"现行"(actuality)到"习性"(habituality)再到"可能"
(potentiality)的发生过程。"现行"是指心理体验或意识行为,"习
性"是养成的习惯或经验性格,"可能"是指原初的和习得组成的
心灵权能或根本性格。而它们最终的存在基础或基质则是自然性
格与根本性格组成的同一人格自我。性格问题和人格问题在这里
合而为一。普凡德尔在性格学中处理的问题,属于胡塞尔的现象学
心理学和发生现象学的领域,完全可以纳入胡塞尔于弗莱堡时期制
定的"现象学哲学体系"的著作工程。①

六、性格现象学的方法

"性格现象学"意味着用现象学的方法来研究人的性格。应当

---

① 胡塞尔在弗莱堡没有选择普凡德尔而是选择了海德格尔作为自己的教席继承
人。普凡德尔对此有抱怨,胡塞尔本人也为此感到后悔。从普凡德尔在包括性格学在内
的几个方向上的工作可以看出,他的思考的确与胡塞尔更为接近,是后者更为合适的合
作者和接班人。——对胡塞尔与普凡德尔的关系详细论述可以参考笔者的论文"意欲现
象学的开端与发展——普凡德尔与胡塞尔的共同尝试",载《社会科学》,2017年,第二期。

说，一旦确定反思和本质直观在发生现象学领域中的运用可能性和有效性，那么同时也就确定了性格问题作为现象学论题的可能性。

从理论上说，性格现象学家可以通过现成的意识现象学方法做到：1.用一般直观把握表层的经验性格；2.用本质直观把握深层的根本性格；3.用（第一性的、直接的）反思的方法观察、了解和把握自己的、个体主体的各种性格以及它们的心灵要素、结构、层次和养成阶段；4.用（第二性的、间接的）同感的方式观察、理解和把握他人的、交互主体的各种性格以及它们心灵要素、结构、层次和养成阶段。简言之，在反思的横向本质直观中把握性格的结构层次，在反思的纵向本质直观中追踪性格的发生养成。

普凡德尔在其性格学研究中默默使用的就是这些现象学的方法。不过他也用自己的概念术语，例如分步骤进行的理论理想化、总体化等等，对他的性格学方法做了生动的描述，包括"在直观的沉定（in schauender Versenkung）中的把握"（GC 325）等等有趣说法。除此之外，在他的论述中还常常会出现胡塞尔式的"排除""还原"等方法概念。而且胡塞尔的"无立场""无成见"的中立性要求也在他那里得到强调，例如，性格研究者不应"受那些会模糊并扭曲其目光的个人兴趣的引导"（GC 291），以及如此等等。

如果我们将普凡德尔的性格研究与胡塞尔的人格研究和权能研究视作同一方向和领域的努力，那么也可以说，胡塞尔自觉地将自己的现象学纳入近代的心理学的传统，更确切地说，纯粹心理学的传统："近代心理学是关于在与空间时间的实在性的具体关联中的'心理之物'的科学，即关于在自然中的可以说是自我类（ichartig）发生事件的科学，连同所有作为心理体验（如经验、思维、感受、意欲）、作为权能和习惯不可分割地从属于它们的东西"(Hua IX, 278)。

不过，现代心理学的朝向自然科学化方向的发展已经使它脱离了近代心理学的传统，也使得胡塞尔在 1914 年前后就不必再担心人们将现象学与心理学混为一谈①。即使在涉及与人类学相关的性格学问题上，现代心理学与现象学心理学之间的方法区别也一目了然：前者是实验的、客观的、行为主义的，后者是反思的、主观的、超越论的。因此，胡塞尔在 1916 年时便已提出"超越论的权能"(Hua XLII, 173)的概念，并且强调："关于权能的知识'并非来源于经验'，并非来源于任何一门经验的权能心理学，而是来源于'发生的'本质分析(现象学的)：通过对意向性的方法阐发以及通过对这种意向性必定如何产生的必然方式的澄清来阐明发生"(Hua XLII, 170)。

但这里仍然会出现一个特殊的方法问题。在意识体验现象学的反思那里，我们可以发现一种"反思的变异"的痕迹：因为反思而导致的对非对象的原意识的对象化增加和减少②。而在心灵性格现象学的反思这里，我们会遭遇与此相似的问题。这个问题也会出现在当代性格学研究中依据的"自我报告"(selfreport,

---

　　①　参见普莱斯纳对这个时期的胡塞尔的回忆："诚然，与心理学的亲近当时已经不再使他感到不安。由于心理学采纳的实验-因果程序，混淆已不再可能发生，而当时并不存在描述心理学。即使有描述心理学，通过悬搁(ἐποχή)、亦即通过对体验状况在命名它的语词的观念含义统一方面所做的示范处理，现象学的实践也可以与描述心理学毫无混淆地区分开来。"(普莱斯纳："于哥廷根时期在胡塞尔身边"，载倪梁康[编]：《回忆埃德蒙德·胡塞尔》，北京：商务印书馆，2018 年，第 54 页)

　　②　对此可以参见笔者的专著《自识与反思：近现代西方哲学的基本问题》(北京：商务印书馆，2020 年)，尤其是其中的第二十一讲："胡塞尔(2)：'原意识'与'后反思'"。

Selbstbeschreibung）那里。①

例如，对自己的一个意识行为的反思认定和对自己的一个心灵性格的反思认定并不属于同样的类型。例如，对撒谎行为的反思认定要比测谎仪的测试和旁人的观察要确切得多。但对自己的性格是否属于诚实一类的反思认定则会遭遇可以被称作"反思修正"的问题：如果一个人自己反思地认定自己是诚实的，那么他就是在他自己主观认定的意义上是"诚实的"，无论他此前的行为处世是否客观地是"诚实的"。反之，如果一个人撒了谎，却运用自己的掩饰技巧而逃过了测谎仪的辨识，那么他至多会将自己反思地认定自己是"聪明的"而不会认定为"狡诈的"。这是一种在性格认定上的"反思的价值修正"。

另一种反思修正则更为严重。它甚至会导向这样的结论，即有些性格是无法通过反思自知的，例如谦虚-骄傲、慷慨-吝啬、勇敢-胆怯、豪爽-拘谨、大方-小气，如此等等。这些性格在反思的自身认定的同时已经消失或削弱了。就如一个人在反思地认定自己的性格是"骄傲"的时候已然处在"谦虚"的状态，而当他认为自己"谦虚"的时候已然处在"骄傲"的状态。又如，反思地意识到自己性格暴躁，或性格软弱，都会引起某种程度的性格修正。可以说，反思地意识到自己性格暴躁或性格软弱的次数越多，这些性格的强度就会削弱得越多。这里的情况会让人联想到物理学中海森堡提出的"测不准原理"。我们也可以将它称作"心理学的测不准原理"。事实上，布伦塔诺、胡塞尔都曾提到的例子，即：在反思自己的发

---

① John F. Rauthmann, *Grundlagen der Differentiellen und Persönlichkeitspsychologie – Eine Übersicht für Psychologie-Studierende*, Wiesbaden: Springer 2016, S. 14.

怒时怒火已经消失或至少消退，也与这种测不准的情况有关。无论如何，在性格学研究中它可以被归入性格认定的"反思的实践修正"一类。

七、结束语：性格现象学的可能与任务

这里勾勒的是一条从胡塞尔的意识现象学到意识权能现象学和普凡德尔的心灵性格现象学的思考脉络和思想发展路径。

就普凡德尔的性格现象学而言，乌苏拉和埃伯哈德·阿维-拉勒芒在他们纪念普凡德尔的文章中写道："在近百年来发表的关于性格学的原理问题的各种不同论文中，没有一位作者把握得比亚历山大·普凡德尔更深入，钻研得更本质，没有一位在人类研究的这个领域的心理学家比他所区分的更全面。"[①]

普凡德尔的确给出了一个相当明确的性格学纲要："总结起来说，对性格学的任务可以做如下规定：它需要系统地—理论地研究人的性格的本质、构造、个别特征、种类与变异、发展，以及人的性格与它的分化、它的证实、它的表达和它在外部功能产品中的印记之间的关系"（GC 307）。

如果无意识研究是意识现象学的边界，那么性格研究应当就是心理学的边界了。在心理分析学那里，荣格、阿德勒、弗罗姆都有关于性格学的论著问世。但弗洛伊德似乎并无走向这个边界的欲求。普凡德尔和荣格都已经在尝试冲撞这个边界了。

---

① 　Ursula und Eberhard Ave-Lallemant, „Alexander Pfänders Grundriss der Charakterologie", a.a.O, S. 203.

我们这里最后想用两句话作为我们这篇文字的结束语。

一句是古希腊哲人赫拉克利特所说：

人的习性就是他的守护神。[①]

另一句是来路不明的人生箴言：

留意你的思想（thoughts），它会成为你的言语（words）；

留意你的言语，它会成为你的行动（actions）；

留意你的行动，它会成为你的习惯（habits）；

留意你的习惯，它会成为你的性格（character）；

留意你的性格，它会成为你的命运（destiny）。

---

① Ἦθος ανθρώπω δαίμων, Diels/Kranz, 22 B 119.

附录三 亚历山大·普凡德尔的 著作目录 *

„Das Bewußtsein des Wollens", in: *Zeitschrift für Psychologie und Physiologie der Sinnesorgane*, 17, 1898;

Das Bewußtsein des Wollens. Eine psychologische Analyse, 1900;

Phänomenologie des Wollens, 1900, [3]1963 (engl. 1967);

Einführung in die Psychologie, 1904, [2]1920;

Motive und Motivation, 1911, [3]1963 (engl. 1967, mit Phänomenologie des Wollens);

Nietzsche, 1911, [2]1923;

Zur Psychologie der Gesinnungen, 1913/16, [2]1922/30;

Logik, 1921, [3]1963;

„Grundprobleme der Charakterologie", in: *Jahrbuch der Charakterologie*, 1, 1924;

Die Seele des Menschen, 1933;

Philosophie der Lebensziele, 1948, hrsg. v. W. Trillhaas;

Philosophie auf phänomenologischer Grundlage. Einleitung in die

---

* 此附录为译者所加。

Philosophie und Phänomenologie, hrsg. v. H. Spiegelberg, 1973;

Ethik in kurzer Darstellung, 1973, hrsg. v. P. Schwankl;

„Entwurf einer Imperativenlehre", in: Spiegelberg, H. and Avé-Lallemant, E. (eds.): *Pfänder-Studien*, 1982.

译　后　记

　　这里的普凡德尔"性格学的基本问题"长文的翻译和自己的"性格现象学的问题与可能"文章的撰写，都与笔者自 2019 年初到浙江大学工作后开始撰写的《意识现象学教程》有关。为了完成这本与浙江大学"脑科学·意识·人工智能"合作项目之实施相关的教程，笔者暂时搁置了已经进行了近十年的《反思的使命——胡塞尔与他人的交互思想史》的写作。如果《反思的使命》可以称作以胡塞尔为核心的思想史梳理的话，那么这本教程可以算是笔者对自己理解的意识现象学的一个系统阐述。

　　教程的写作进行到最后阶段，关于发生现象学的论述从意识行为现象学导向了意识权能现象学，最终导向了意识现象学的边界：性格现象学。

　　胡塞尔本人不会将性格研究视作现象学的边界问题，而是更可能将它视作越界的活动。不过既然他将无意识研究算作现象学的边界问题并时常有所考虑，那么性格分析可以被纳入无意识分析的框架中，这对现象学家而言应当是有合法理由的。

　　无论如何，早期慕尼黑的现象学家普凡德尔已经提供了一门性格现象学的纲要。他的性格学研究被阿维-拉勒芒称作"现象学"，并与另一位性格学的开创人物克拉格斯的作为"表达学"的性格学研究形成对照。

除此之外还可以看到，胡塞尔的学生、慕尼黑的女现象学家黑德维希·康拉德-马悌尤斯也在其《实在本体论》中讨论过性格问题；处在现象学外围的布伦塔诺的学生乌悌茨也曾有《性格学》论著出版，而且还编辑出版了《性格学年刊》，普凡德尔的"性格学的基本问题"长文正是出版在该年刊的创刊号上。性格学研究因而已经有一条外于胡塞尔的思想脉络和传统。

在撰写《意识现象学教程》的发生现象学部分的最后一章"性格现象学的问题与可能"过程中，笔者一再地参考和诉诸了普凡德尔的"性格学的基本问题"。久而久之，便习惯性地萌生了将其翻译出版的想法。想法的落实便是这本书的面市。

翻译和出版此书的另一个主要意图是为了向普凡德尔致意。这很可能是他译成中文的第一篇文字。如果考虑到普凡德尔在胡塞尔于哥廷根大学执教期间是其最重要的现象学运动合作者和支持者，而且是在早期现象学运动中地位仅次于胡塞尔和舍勒的代表人物，那么应当说他的著作的第一个中译本有些姗姗来迟。普凡德尔还有许多著述值得关注。此外他还有许多未发表手稿——包括编号为 C IV 12, 13, 14, 15 的与性格学研究相关的文稿——现在已经被数字化后收藏在浙江大学和中山大学的现象学文献馆中。

慕尼黑现象学新生代的代表人物是埃伯哈特·阿维-拉勒芒。他也是普凡德尔的出色研究者。他与他的太太、心理学家乌索拉合写的论文"亚历山大·普凡德尔的性格学纲要"在这里被一并译出，作为本书"附录一"，用作普凡德尔性格学研究的导读和参考资料。他们在文章的末尾写道，"十分希望能重新出版'性格学的基本问题'，届时这个新版也应当附加一个选自 1924 年和 1936 年草稿与笔记的文选"。随着普凡德尔这篇长文的翻译出版，阿维-拉勒芒夫妇的这个愿望已经通过中译本的发表而算是得到了实现，尽管是不完全地得到实现，因为他们的后半部分希望暂时还不能满足。由于他的相关遗稿是手写稿，因此目前对其展开辨读誊写工作的条件还不成熟。但笔者相信在不久的未来就可以借助人工智能的手稿辨读软件来完成此项工作。笔者也希望在本书再版时可以完成普凡德尔的相关性格学笔记附录的添加。

笔者最终完成的"性格现象学的问题与可能"章节日后仍会作为《意识现象学教程》的一章出版。但在这里还是先作为"附录二"发表，它同样属于，甚至更属于这里的问题域和思想圈。

最后要感谢冯潇屹、于宝山同学为本书的出版所做的文字核对工作！

倪梁康

2021 年 4 月 12 日

《现象学原典译丛》已出版书目

* *

图书在版编目(CIP)数据

性格学的基本问题/(德)亚历山大·普凡德尔著；
倪梁康译.—北京:商务印书馆,2023
(中国现象学文库.现象学原典译丛)
ISBN 978 - 7 - 100 - 23195 - 4

Ⅰ.①性⋯ Ⅱ.①亚⋯ ②倪⋯ Ⅲ.①性格—通
俗读物 Ⅳ.①B848.6 - 49

中国国家版本馆 CIP 数据核字(2023)第 213381 号

中国现象学文库
现象学原典译丛
性格学的基本问题
〔德〕亚历山大·普凡德尔 著
倪梁康 译

商 务 印 书 馆 出 版
(北京王府井大街36号 邮政编码100710)
商 务 印 书 馆 发 行
北 京 冠 中 印 刷 厂 印 刷
ISBN 978 - 7 - 100 - 23195 - 4

2023 年 12 月第 1 版　　开本 880×1230 1/32
2023 年 12 月北京第 1 次印刷　印张 5⅜
定价:38.00 元